지금 막 엄마 아빠가 되었어요

엄마 아빠가 아이에게 선물하는 태교 기프트북

지금 막 엄마 아빠가 되었어요

글 · 그림 이호현

감수자의 글

저는 의사로서 한 생명이 태어나기까지의 전 과정을 산모와 함께합니다. 초음파를 통해 처음 태아의 심장이 뛰는 순간부터 계속 성장해 나가는 모습을 함께 지켜보면 아기가 태어나는 순간, 저절로 아기와 산모의 건강과 안전을 바라는 기도를 하게 됩니다. 기대 반, 걱정 반으로 아기를 기다리는 열 달은 인생에서도 가장 중요하고 소중한 순간입니다. 부모의 기도하는 마음을 담은 이 책을 완성하는 데 조금이나마 참여할 수 있어 반갑고 기쁜 마음 가득합니다.

이윤정(백지영W산부인과 원장)

수많은 산모 요가 수업을 통해 임신 기간에 가장 중요한 것은 '산모와 태아 사이의 교감'이라는 사실을 알게 되었습니다. 이 책은 여러 가지 감각적 요소들을 활용한 태교책입니다. 산모와 태아 사이에 안정적인 교감을 만들어 태아가 건강하고, 균형 잡히게 성장할 수 있게 합니다. 특히, 제가 감수한 이 책의 산모 요가를 아기를 만나는 그날까지 적극 활용하셔서 산모와 태아의 건강에 도움이 되었으면 하는 바람입니다.

이선하(예스요가 원장)

프롤로그

"행복은 경험하는 것이 아니라
기억하는 것이다." -오스카 레반트-

지금도 여전히 눈에 선명합니다.

아이가 태어나 처음 품에 안고 바라보던 순간이.

들여다보고만 있어도 미소가 저절로 나오는 아이 얼굴, 빼끔빼끔거리며 오물거리는 조그만 입술, 보드라운 살의 감촉, 꼬물꼬물 움직이는 손과 발. 너무나 신기해 감탄하고 감사했습니다. 내 아이와 첫 만남의 행복했던 기억들이 이 책의 시작이었습니다.

어느 날 아내가 문득 이런 말을 했습니다.

"임신기간 동안 어떻게 보냈는지 기억이 잘 안 나는 것 같아."

이상하게도 아내의 그 말에 마음 한편이 아팠습니다.

'너무나 소중하고 행복했던 그 기억들을 써서 간직했더라면….' 하는 아쉬움과 함께 말이죠.

그리고 서툰 부모로서 산 시간들은 내 자신과 아이, 가족, 더 나아가 이웃과 더불어 어떻게 살아야 하는지 고민하는 계기가 되어주었습니다. 또 그때부터였습니다. 오래전부터 마음 한구석에 '내 이야기를 책으로 펴내 나누고 싶다'고 막연하게 꾸던 꿈이 다시 살아난 때가.

그렇게 아쉬웠던 마음을 담아 하나하나 그림으로 그리고 글로 써 내려갔습니다.

《지금 막 엄마 아빠가 되었어요》는 아내의 임신기간 동안 함께 나눴던 행복한 기억들과 같이했던 태교들을 떠올리며 직접 그리고, 쓴 책입니다.

엄마가 될 독자 여러분이 이 책을 읽고

조금이나마 도움이 되기를 바라는 마음을 담아,

훨씬 평안한 열 달을 보냈으면 하는 바람을 담아,

뱃속 아이와 행복한 기억들로 쌓아 만든 기록들이 선한 영향력을 미쳐

따뜻한 세상이 되었으면 하는 욕심을 담아 썼습니다.

기억하고 싶은 것이 많다면 기록해보세요,

가장 가슴 뭉클하고, 가장 행복한 시간으로 기억될 10개월을.

엄마와 아빠, 뱃속 아이와 한마음으로 교감을 나누고 행복한 기억을 쌓는 소중한 시간이 될 것입니다.

아기를 생각하고 사랑하는 마음이야말로 세상에서 가장 아름다운 태교

가 아닐까요. 다시는 오지 않을 뱃속 내 아이와의 교감을 손으로 쓰고 눈으로 읽고 마음으로 간직하시길 바랍니다.

내게 아빠와 부모라는 이름을 한꺼번에 선물해준 아들 도영, 그리고 누구보다 나와 아들을 생각하고 사랑하는 아내 수연, 나의 버팀목인 가족들, 친구들, 동료들에게 감사의 말씀을 전하며, 세상에서 오직 부모만이 줄 수 있는 내 아이의 소중한 선물을 위해 적어가길 바라요.

2020년 봄날

이호현

Contents

임신 중기 4~7개월

이 책의 특징 및 활용법

엄마를 소개할게 & 아빠를 소개할게

photo

▶ 엄마를 소개할게 & 아빠를 소개할게

엄마와 아빠의 사진을 붙여보아요. 함께 찍은 사진을 붙여도 좋아요. 이름과 결혼한 날, 임신 사실을 알게 된 날도 기록해보아요. 또 엄마와 아빠의 좋은 점만 빼닮았으면 하는 마음을 담아 적어보기도 해요. 지금 우리 아기에게 전하고 싶은 한마디도 써보세요.

▶ 너에게 이것만은 약속할게

내가 되고 싶은 부모의 모습을 떠올려볼까요.
임신 280일 동안, 엄마와 아빠가 뱃속 아기를 위해 해주고 싶은 약속 다섯 가지를 적어보아요.

임신한 아내를 위한 아빠 태교

▶ 임신한 아내를 위한 아빠 태교

엄마의 정서 안정에는 남편의 영향이 크답니다. 엄마한테 하는 사랑과 배려가 아기에게 고스란히 전해진다는 사실을 잊지 마세요. 이런 만큼 소중한 아빠 태교! 지금 바로 하나하나 실천해보아요.

▶ **앞으로 너를 만나기까지의 시간**

가슴을 울리는 엄마와 아기의 태담 그리고 신비롭고 사랑스런 태아 일러스트를 개월마다 만날 수 있어요. 마음을 열고 아이와 함께 읽고 살펴보세요. 따뜻한 위로와 격려가 되어줄 거라고 믿어요.

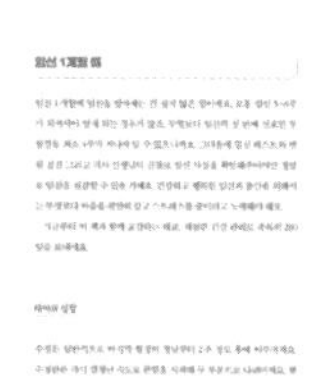

▶ **임신 개월별 특징**

각 개월별 엄마와 아이의 상태를 확인하고 챙겨야 할 중요한 체크리스트를 짚어보아요.

▶ **임신 다이어리**

주차별로 임신 다이어리 공간을 마련했어요. 그날의 감정, 생각을 적어보세요. 아이에게 전하고 싶은 얘기를 담아도 좋아요. 그리고 주차별로 실질적이고 유용한 정보를 '이번 주 한 줄 Tip'으로 함께 실었어요.

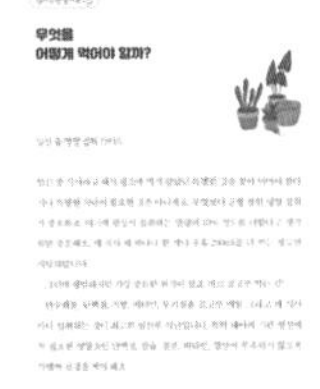

알아두면 좋아요

각 임신 개월별 핵심 내용에 이어서 알아두면 좋은 정보를 실었어요. 특히 출산 준비물 체크리스트로 꼭 필요한 아이템과 개수까지 계획해볼 수 있어서 출산 이후가 훨씬 편해진답니다.

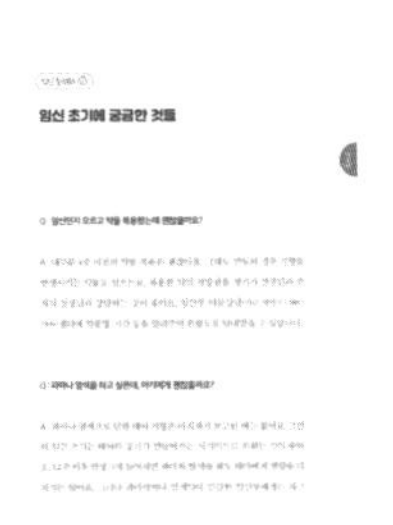

임신 초기, 중기, 후기 Q&A

각 임신 시기별에 맞춰 엄마들이 궁금해할 내용들과 답변을 담았어요. 혹시 내가 궁금했던 내용이라면 더 관심 있게 살펴보면 좋겠지요.

우리 아기 모습

엄마의 뱃속에서 자라고 있는 아기의 초음파 사진을 붙여보아요. (Tip - 초음파 사진을 여러 장 받을 때도 있는데 그럴 때는 카드 봉투를 페이지에 부착하여 그 안에 넣어 보관하셔도 좋아요.)

▶ **읽고 따라 쓰는 감성 태교**

내 마음을 붙잡는 명언과 글귀를 따라 쓰며 마음의 위안과 용기를 얻어보세요. 엄마가 손으로 직접 쓰는 필사는 태아의 두뇌 발달에도 좋아요.

▶ **임산부 요가 태교**

아이를 기다리는 가슴 뭉클한 열 달 동안 태교 요가를 따라 해보아요. 임신 시기별로 엄마의 심신 안정에 도움이 되는 동작들을 따라 하다보면 순산에도 좋아요. 체력 관리는 덤으로 받으세요!

▶ **엄마와 아빠가 함께하는 행복 태교**

엄마와 아빠가 함께 행복해지는 태교 시간을 가져보아요. 아이를 기다리며 기쁘고 행복한 마음으로 정성껏 공간을 채워보세요.

분명 뱃속 아기도 좋아할 거예요.

▶ **엄마와 아기의 열 달을 한눈에 보기**

매달 엄마와 아기의 변화를 사진으로 찍어서 붙여보는 공간이에요. 엄마가 같은 옷을 입고 찍는 것도 좋아요. 나중에 아이에게는 좋은 선물이, 엄마에게는 좋은 추억이 될 거예요.

▶ **우리 아기가 태어났어요!**

드디어 우리 아기가 태어났어요. 기다리던 아기의 첫 사진을 붙여보아요. 그리고 벅찬 감동의 순간을 기록하세요.

| 책 속 부록 |

▶ **함께 그려보는 감성 태교**

아이를 기다리며 설레는 열 달. 컬러링 태교를 함께해보세요. 컬러링은 심리적으로 평온한 마음을 가질 수 있게 도와줘요. 여러 가지 색을 통해 이루어지는 아기와의 소중한 교감과 함께 즐거운 시간을 보내세요.

엄마를 소개할게 & 아빠를 소개할게

photo
엄마 아빠 사진 붙이기

· 엄마 이름

· 아빠 이름

· 엄마 아빠 결혼한 날

· 임신 사실을 알게 된 날

· 엄마의 좋은 점

· 아빠의 좋은 점

· 우리 아기에게 전하고 싶은 한 마디

너에게 이것만은 약속할게

엄마가 너에게 하는 약속 다섯 가지

-
-
-
-
-

아빠가 너에게 하는 약속 다섯 가지

-
-
-
-
-

임신한 아내를 위한 아빠 태교

아내의 임신을 안 순간부터 남편은 기쁨과 더불어 불안한 감정도 갖게 되지요. 잘해주고 싶은 마음은 크지만 막상 무엇을 어떻게 해야 할지 막막하기도 할 거예요. 남편은 아내에게는 정신적 안정을, 아기에게는 아빠의 사랑을 전하도록 노력해야 해요. 엄마한테 하는 사랑과 배려가 아기에게 고스란히 전해지거든요. 임산부인 엄마의 정서는 100% 남편에게 달려 있다고 해도 과하지 않을 거예요. 아빠 태교가 중요한 이유랍니다.

자, 그럼 이 시기가 지나면 다시는 할 수 없는 오직 한 번뿐인 아빠 태교 미션 열 가지!

1. 아내의 마음을 이해하고 공감해주세요.
2. 남편의 본분에 충실하세요.
3. 정기 검진 때는 아내와 함께 병원을 방문하세요.
4. 태교는 함께하세요. 특히 태아와 자주 대화를 나눠보세요.
   (24주가 지나면 청각이 발달되어 태아가 소리를 들을 수 있게 된답니다.)

5. 아내를 위해 철분제를 선물해주세요.

6. 아내와 함께하는 가벼운 운동으로 건강을 챙기세요.

7. 임신과 출산의 기초 지식은 남편도 알아둘 필요가 있어요.

8. 아내와 함께 태교 여행을 떠나보세요.

9. 아기가 태어나기 전 둘만의 오붓한 데이트 시간을 가져보세요.

10. 출산 준비를 미리미리 해두세요.

“아가야,
네가 내 아기로 와줘서
정말 고마워.”

임신 초기
1~3개월

초기배아의 발달 단계를 살펴봐요

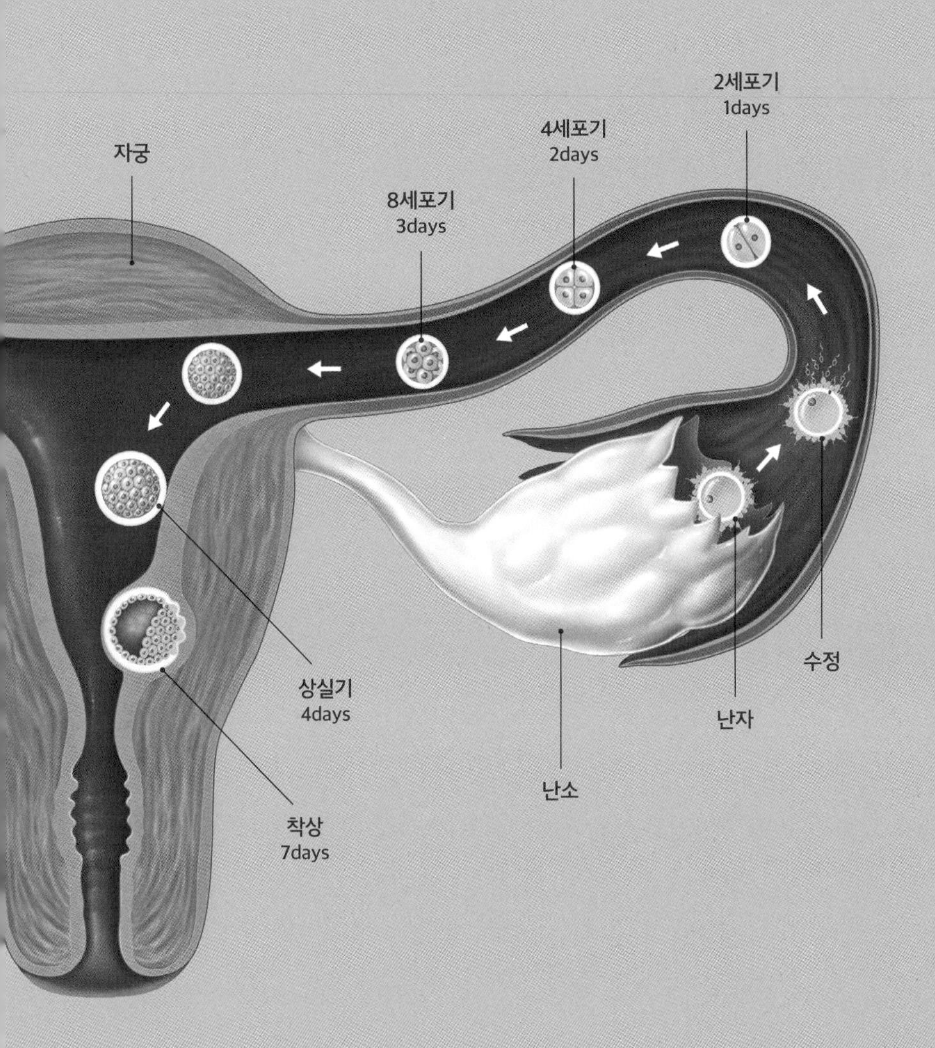
2세포기
1days
4세포기
2days
자궁
8세포기
3days
상실기
4days
수정
난자
난소
착상
7days

앞으로 아홉 달,
너를 만나기까지의 시간

"너를 처음 알게 된 날,
엄마와 아빠는 너무 가슴 설레고 기뻤어.
아빠는 엄마 뱃속에 있는 너를
모두에게 알리고 싶어 참을 수 없어했지.
아들일까? 딸일까?
많이 궁금하기도 하지만
그보다 엄마는
네가 내 아기로 와줘서
정말 고마워."

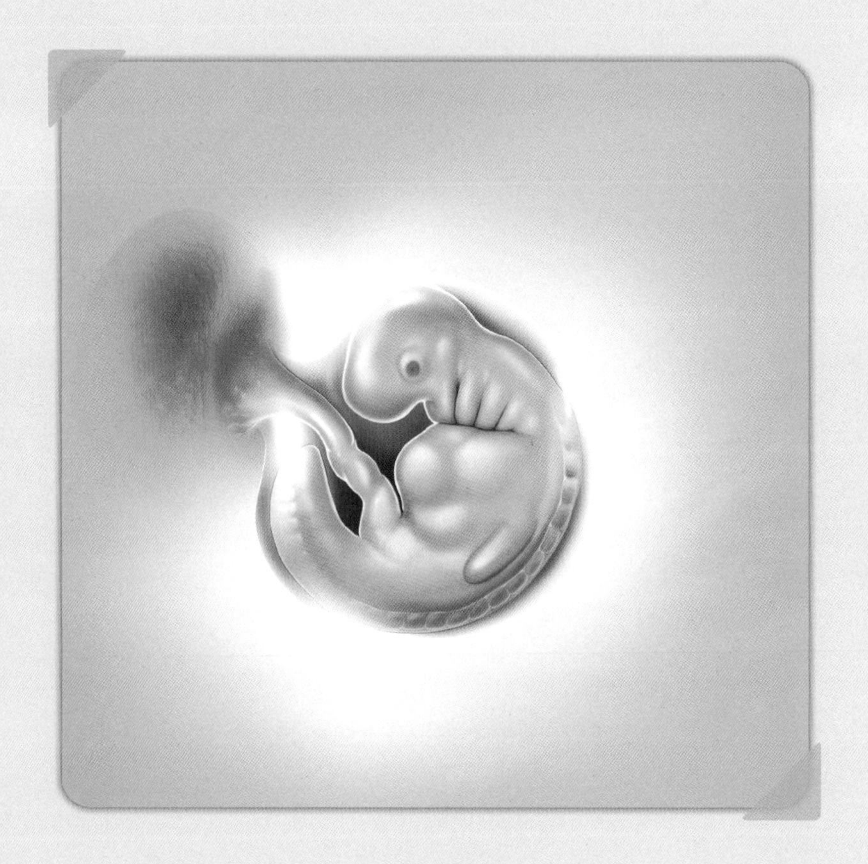

"엄마,

나 여기 있어요.

내가 느껴져요?

내 속삭임이 들리나요?

엄마 목소리가 듣고 싶어요."

임신 1개월 때

임신 1개월에 임신을 알아채는 건 쉽지 않은 일이에요. 보통 임신 5~6주가 되어서야 알게 되는 경우가 많죠. 무엇보다 임신의 첫 번째 신호인 무월경을 최소 4주가 지나야 알 수 있으니까요. 그다음에 임신 테스트와 병원 검진 그리고 의사 선생님의 진찰로 임신 사실을 확인해주어야만 정말로 임신을 실감할 수 있을 거예요. 건강하고 행복한 임신과 출산을 위해서는 무엇보다 마음을 편안히 갖고 스트레스를 줄이려고 노력해야 해요.

지금부터 이 책과 함께 교감하는 태교, 세심한 건강 관리로 축복의 280일을 보내세요.

태아의 성장

수정은 일반적으로 마지막 월경의 첫날부터 2주 정도 후에 이루어져요. 수정란은 즉시 엄청난 속도로 분열을 시작해 두 부분으로 나뉘어져요. 한 부분은 자궁벽에 착상되어 태아에게 영양을 공급해주는 태반이 되고, 다른 한 부분은 태아로 성장하게 되지요. 키는 0.2cm, 몸무게 약 1g으로 초음파 검사를 하면 자궁 안에 점이 찍혀 있는 것처럼 보인답니다.

엄마의 변화

자궁의 크기는 달걀만한 크기 정도.

정자는 나팔관에서 난자의 표면을 통과하여 수정이 이루어져요. 수정되면 생리가 가까워졌을 때처럼 가슴이 커지는 느낌이 들거나 아프기도 해요. 메스꺼운 느낌이 들기도 하고, 간혹 한기를 느끼기도 해요. 질 분비물이 늘어나며, 양수가 형성되기 시작합니다.

체크포인트

✧

- **유산되기 쉬운 시기이므로 안정과 휴식이 필요해요.**

  스트레스 받지 않도록 특히 신경 써야 해요.

- **술과 담배는 절대 금지지만, 커피는 가능해요.**

  (단, 하루 카페인 200mg 이하로 섭취하세요. 믹스커피가 1봉지에 69mg 정도 들었어요. 카페인은 기형 물질이 아니지만 각성물질이라 많이 마시면 좋지 않아요.)

- **38도 가까운 고열 발생 시에는 바로 병원에 가야 해요.**

  (임신 1분기에 열은 기형 물질로 작용할 수 있어요.)

- **엽산제를 복용해요.**

  태아의 뇌 발달 및 태아 신경관 결손 예방에 도움을 줍니다. 임신 전부터(3개월 전) 복용해야 해요. 이전 신경관 결손 경험이 있는 경우 및 기형 위험도가 높은 경우는 하루 4g 섭취를 권장해요. 임신 초기 3개월까지 복용하세요. 임신 전에 복용을 하지 않았다면 임신 확인 후 바로 복용하면 돼요. (보건소에 임산부 등록을 하면 엽산제, 철분제 지원 등 무료 혜택이 많아요.)

- **국민행복카드를 신청하세요.**

  (국민행복카드: 정부에서 임산부를 지원해주는 국가 바우처)

  임신 확인서(보통 태아 심장소리 확인 후 가능) 발급 후 신분증을 들고 가까운 국민은행 영업점을 방문하여 신청하면 돼요.

임신 다이어리

4주 (년 월 일 ~ 년 월 일)

•
•
•
•
•
•
•
•
•
•
•

이번주 한줄 Tip

임신기간은 40주, 280일이에요. 임신기간은 마지막 월경의 첫째 날부터 계산해보면 평균 280일, 즉 40주가 돼요. 그런데 통계적으로 임신기간은 수정일로부터 266일, 즉 38주가 됩니다. 이 차이가 생기는 이유는 월경 후 배란이 되고 수정까지 약 14일이 소요되기 때문이랍니다. 월경 시작일과 월경주기는 꼭 기억해두는 것이 좋겠어요.

알아두면 좋아요

무엇을 어떻게 먹어야 할까?

임신 중 영양 섭취 가이드

임신 중 식사라고 해서 평소에 먹지 않았던 특별한 것을 찾아 먹어야 한다거나 특별한 식단이 필요한 것은 아니에요. 무엇보다 균형 잡힌 영양 섭취가 중요하죠. 여기에 평상시 섭취하는 열량의 10% 정도를 더한다고 생각하면 충분해요. 매 식사 때 바나나 한 개나 우유 200ml를 더 먹는 정도면 적당하답니다.

그런데 평범하지만 가장 중요한 원칙이 있죠. 바로 골고루 먹는 것!

탄수화물, 단백질, 지방, 비타민, 무기질을 골고루 매일 그리고 매 식사마다 섭취하는 것이 최고의 임산부 식단입니다. 특히 태아의 기관 형성에 꼭 필요한 영양소인 단백질, 칼슘, 철분, 비타민, 엽산이 부족하지 않도록 각별한 신경을 써야 해요.

임산부를 위한 열한 가지 식사 관리

1 양보다 질에 중점을 두세요. 달걀, 생선, 고기, 콩, 두부, 우유(유제품) 등 다양한 단백질 식품을 골고루 섭취해요.

2 과일 및 채소류를 충분히 섭취해요. 비타민과 무기질이 많거든요. (특히 우리나라 여성에게 부족한 비타민D 수치를 확인하고 보충하세요.)

3 섬유질이 많은 식품과 발효 식품을 꾸준히 섭취해주세요. 변비 예방에 도움이 돼요.

4 하루에 우유를 두 잔 이상 마셔요. 치즈나 요구르트 등을 먹는 것도 좋아요. 칼슘이 많이 들었거든요.

5 소량의 식사를 하루 5~6회로 나누어 섭취하는 게 좋아요.

6 인스턴트 식품이나 패스트푸드는 삼가고, 자연식을 하는 것이 좋아요.

7 주치의와 상의하여 임신 초기에 철분과 엽산 보충제를 충분히 복용하도록 해요.

8 카페인(커피, 녹차, 홍차, 초콜릿 등)은 반드시 적당량을, 술과 담배는 절대 금지예요.

9 찬물은 되도록 마시지 않는 것이 좋아요. 체온의 급격한 변화로 태아가 긴장하기 때문이에요.

10 체중의 변화를 항상 체크해주세요. 일주일에 800g 이상 체중 초과시에는 즉시 진찰을 받아야 해요.

11 변비 완화 및 건강한 장내 환경 유지를 위해 유산균 섭취를 권장해요.

필사 태교,
함께 써봐요

내 마음에 드는 글을 따라 써보세요.
내 손으로 한 글자씩 정성들여 쓰다 보면 집중도 되고 마음이 차분해지는 것을 느낄 수 있어요.

지금 이 순간 행복해라.

지금 이 순간이 당신의 삶이기 때문이다.

-오마르 하이얌-

- 손으로 직접 써보는 필사는 태아의 두뇌 발달에 좋아요.
- 태아와 임산부가 심신의 정서적 안정을 찾을 수 있어요.
- 손으로 직접 따라 쓰면서 감정이 이입되어 감동과 함께 격려와 용기를 얻을 수 있어요.

오늘이라는 날은 두 번 다시 오지 않는다는 것을 잊지 마세요.

-단테-

빛나던 한때가 사라졌다고 슬퍼하지 말고,

빛나는 나날이 아직까지 남아 있음을 기뻐하고, 감사하라.

-임마누엘 칸트-

앞으로 여덟 달,
너를 만나기까지의 시간

"엄마는 오늘 정기 검진이 있었어.
그런데 엄마 뱃속에서
너무나 신기한 소리를 들었는데 뭔지 아니?
바로 두근두근 뛰는
너의 심장 소리.
나도 모르게 눈물이 났어.
감격스러워서.
너의 심장 뛰는 소리를 엄마는 결코 잊지 못할 거야."

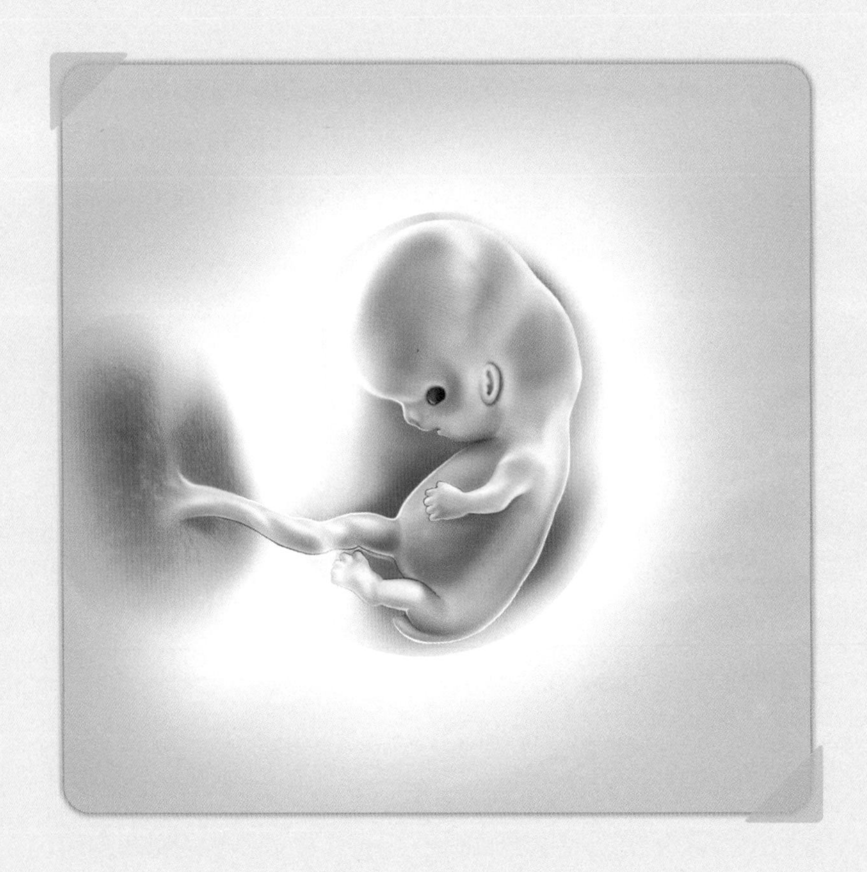

"엄마,
나는 엄마가 편안한 마음으로 있었으면 좋겠어요.
엄마도 임신에 적응 중이라
심신이 불안하다는 거 알아요.
안정이 최우선인 거 알죠, 엄마?
무거운 물건은 들지 마세요.
엄마가 심한 스트레스를 받는 것도 싫어요."

임신 2개월 때

사실 임신기간은 2개월째부터가 본격적인 시작이라고 할 수 있어요. 임신 2개월부터 몸의 변화가 느껴지기 시작할 텐데요. 그런 만큼 몸과 마음이 예민해지기 쉽죠. 몸이 임신에 적응을 시작하는 시기라서 컨디션 조절에 신경 써주세요. 남편과 임신, 출산, 육아에 대해 자주 이야기를 나누는 게 도움이 될 거예요. 엄마와 아빠가 함께 임신기간 동안의 전반적인 태교와 생활계획을 세워보는 건 어떨까요?

태아의 성장

태아의 키는 약 2cm, 몸무게는 약 3~5g으로 자라요. 자궁 안에서 매우 빠른 속도로 분열되고 있는 세포들의 덩어리가 이제는 사과 씨 만한 크기의 태아로 형성이 되지요. 6주로 접어들면 태아의 심장이 뛰기 시작하고 신장, 위 등의 주요 장기들도 발달하기 시작하죠. 아직 확실하지 않으나 머리와 몸의 구분이 생기는 시기이기도 해요. 뇌가 더욱 복잡해지고 눈꺼풀이 생기기도 하지요. 코끝도 보여요.

엄마의 성장

자궁은 레몬 크기 정도예요.

외형상으로는 몸속에서 일어나는 드라마틱한 변화를 아직은 느낄 수 없는 시기예요. 그래도 식욕이 없어지고 입덧 증세가 생기기 시작하죠. 가슴이 당기듯이 아프거나 팽창되는 느낌이 들기도 해요. 특히 자궁이 골반 안에서 커져 소변 횟수가 잦아져요. 이런 증상은 임신 중기가 되면 자연스럽게 좋아진답니다. 또 약간의 복부 경련과 울신거림을 느낄 수도 있어요.

체크포인트

✧

- 유산의 위험이 높은 시기이므로 각별한 주의가 필요해요.
  복부에 힘이 들어가는 운동이나 무리한 성관계는 삼가는 것이 좋아요.

- 가능하면 사람이 많은 곳은 가지 않는 것이 좋겠어요.
  유행성 감기나 풍진 등 바이러스 감염 예방을 위해서 말이죠.

- 임신 10주부터 임산부 튼살 예방 크림을 사용하면 좋아요.

임신 다이어리

5주차 (년 월 일 ~ 년 월 일)

•
•
•
•
•
•
•
•
•
•
•
•

이번주 한 줄 Tip

임신 2개월 차는 안정이 최우선이에요. 엄마는 임신에 적응해야 하는 시기라서 심신이 불안정할 거예요. 또 태반이 발달하는 중이기 때문에 아기의 착상이 완전하다고 볼 수 없는 시기이기도 하지요. 무엇보다 남편의 역할이 중요해져요. 긍정적인 말 한 마디, 따뜻한 애정 표현으로 아내를 안정시켜 주세요. 태교는 아내를 행복하게 하는 것부터 시작되니까요.

임신 다이어리

6주차 (년 월 일 ~ 년 월 일)

•
•
•
•
•
•
•
•
•
•
•
•
•

이번주 한줄 Tip

단백질 섭취가 중요할 때예요. 임신 2개월차에는 특히 태아의 뇌와 기관이 형성되기 때문이에요. 단백질 섭취에 좋은 식품들은 우유, 생선, 두부, 콩, 육류, 계란, 치즈, 건어물 등이 있어요.

임신 다이어리

7주차 (　　년　　월　　일 ~　　년　　월　　일)

•

•

•

•

•

•

이번주 한줄 Tip

직장을 다닌다면 임신 사실을 알리세요. 같은 업무라고 하더라도 임산부는 빨리 피로를 느끼기 때문에 항상 건강 상태나 직장 환경 등에 주의가 필요하답니다. 또 임신, 출산, 육아에 따른 사규나 복지를 관련 부처에 확인해보세요.

직장에서 주의해야 할 것들

- 2시간 이상 서 있거나 앉아 있지 마세요. 중간중간 자세를 바꿔주는 것이 좋아요.
- 화장실 가는 것을 참지 마세요. 방광염이나 변비 또는 더 큰 부작용이 나타날 수 있어요.
- 여름과 겨울철에 각각 적절한 체온 유지에 신경써야 해요.
- 출·퇴근 시간을 여유 있게 잡아주세요.
- 저혈압으로 실신 및 온몸에 힘이 빠지는 허탈 증상이 올 수 있으니 평소 탈수가 일어나지 않도록 주의해야 해요.

임신 다이어리

8주차 (년 월 일 ~ 년 월 일)

•
•
•
•
•
•
•
•
•
•
•
•
•

이번주 한 줄 Tip

입덧은 임산부가 건강하다는 신호랍니다. 입덧이 심하다고 해서 태아의 발달에 나쁜 영향을 주진 않으니 걱정 마세요. 입덧은 공복에 가장 심할 수 있어요. 그러니 음식을 조금씩 자주 먹는 게 좋아요. 새콤한 음식도 입덧을 덜어주는 데 도움이 돼요. 레모네이드, 레몬차, 오렌지주스, 오이 냉채 등도 좋아요.

알아두면 좋아요

임신 중 검사 스케줄

<table>
<tr><th></th><th>병원 진료</th><th colspan="2">검사</th><th>필수 예방접종</th></tr>
<tr><td>1개월</td><td rowspan="2">2주에 한 번</td><td colspan="2" rowspan="2">산전 종합 검사
자궁암검사 혈액 검사
혈액 검사 갑상선 기능 검사
면역 검사 비타민D 검사
소변 검사 염증종합 검사(필요시)</td><td rowspan="2"></td></tr>
<tr><td>2개월</td></tr>
<tr><td>3개월</td><td rowspan="5">4주에 한 번</td><td>태아목둘레 기형 검사(NT)
1차 기형아 선별 검사</td><td rowspan="2">니프티 검사
(비침습적
산전기형아 검사)</td><td rowspan="5">독감</td></tr>
<tr><td>4개월</td><td>2차 기형아 선별 검사
유전성 정신지체 검사</td></tr>
<tr><td>5개월</td><td></td><td rowspan="3">정밀초음파
(태아 심장, 신경계, 장기 검사)
입체초음파</td></tr>
<tr><td>6개월</td><td rowspan="2">임신성 당뇨 검사
빈혈 검사
비타민 검사</td></tr>
<tr><td>7개월</td></tr>
<tr><td>8개월</td><td rowspan="2">2주에 한 번</td><td colspan="2"></td><td rowspan="3">백일해</td></tr>
<tr><td>9개월</td><td colspan="2">분만 또는 수술 전 검사
(혈액 검사, 소변 검사, 심전도, X- ray 등)</td></tr>
<tr><td>10개월</td><td>1주에 한 번</td><td colspan="2">태아 안녕 검사</td></tr>
<tr><td>출산 후</td><td>1주일 후,
4주 후,
6주 후</td><td colspan="2">산후검진
자궁경부암 산후초음파
빈혈 검사 비타민D 검사
갑상선 검사</td><td>자궁경부암
A형 간염
B형 간염</td></tr>
</table>

필사 태교,
함께 써봐요

내 마음에 드는 글을 따라 써보세요.
내 손으로 한 글자씩 정성들여 쓰다 보면 집중도 되고 마음이 차분해지는 것을 느낄 수 있어요.

기쁨을 감추면, 그만큼 기쁨이 감소한다. -스페인 속담-

사람은 행복하기로 마음 먹은 만큼 행복하다. -에이브러햄 링컨-

행복한 사람은 있는 것을 사랑하고, 불행한 사람은 없는 것을 사랑한다.

-하워드 가드너-

앞으로 일곱 달,
너를 만나기까지의 시간

“엄마는 입덧을 여전히 하고 있어.

속이 울렁울렁.

메스껍고 니글거릴 때마다

너무 힘들지만

우리 아기 잘 크고 있다는 거겠지. 그렇지?

이런 고통이 있을 줄 상상도 못 했지만

엄마는 너를 위해 견뎌낼 거야.”

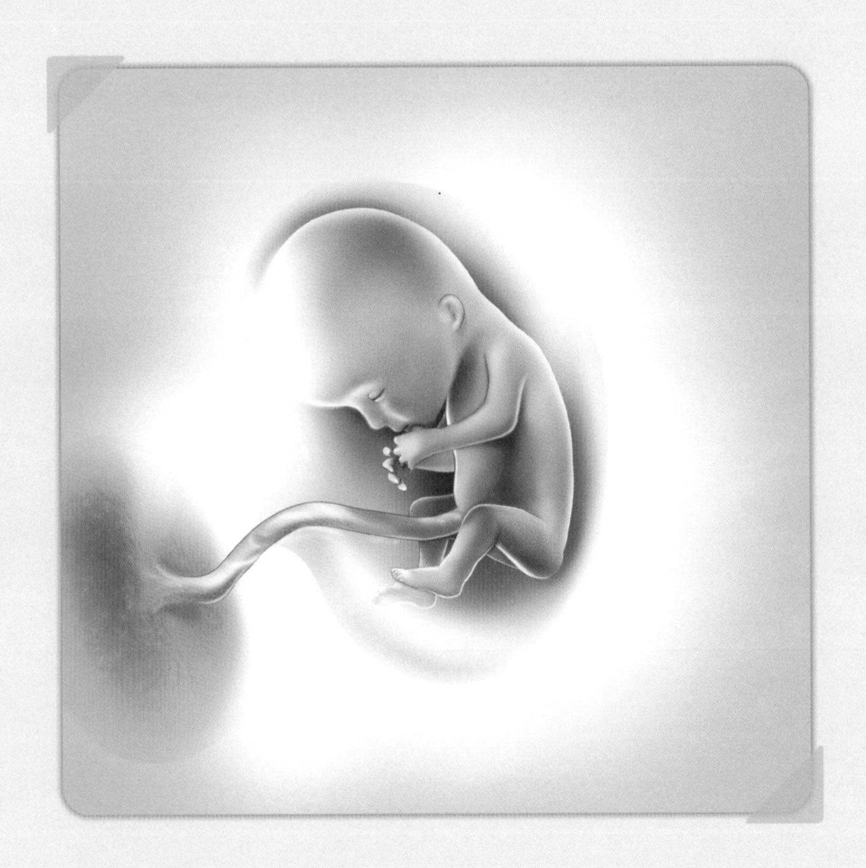

"엄마 있잖아요,

엄마가 보는 건 나도 볼 수 있어요.

엄마가 듣는 건 나도 들을 수 있어요.

나는 엄마가

예쁜 거 많이 보고

예쁜 말도 썼으면 좋겠어요."

임신 3개월 때

여러 가지로 조심스러워지는 시기예요. 입덧이 본격적으로 시작되기도 하니까요. 아직은 배가 눈에 띄게 나왔다거나 하지 않기 때문에 다른 사람들이 알아차리기는 힘들어요. 하지만 임산부 스스로는 몸이 변하는 것을 느낄 수 있죠. 주위 사람들에게 임신 사실을 알리고 따뜻한 배려와 도움을 받으세요. 그리고 입덧 때문에 입맛이 없을 수도 있을 거예요. 그렇더라도 아기를 생각하여 충분한 영양을 섭취하도록 노력해야 해요.

태아의 성장

태아의 키는 약 9cm, 몸무게는 20~30g 정도로 자라요. 태아의 각 기관이 형성되는 중요한 때예요. 진정한 아기의 모습이 나타난답니다. 꼬리가 사라지고 눈과 귀가 나타나요. 팔과 다리도 모습을 드러내죠. 이렇게 신체 부위는 자리를 잡지만, 장기들은 아직 형성이 다 안 된 상태예요. 그리고 임신 3개월 정기 검진 때에는 태아의 심장 박동 소리를 들을 수 있습니다.

엄마의 변화

자궁은 오렌지 크기 정도.

가슴이 커지거나 일부 신체의 변화가 있지만 아직까지 몸무게는 크게 늘어나진 않아요. 입덧이 가장 심한 시기이기도 해요. 심리 상태도 불안정해져 감정의 기복이 심해지고 자주 우울해지기도 하는 때이니 가족들의 세심한 배려가 필요하답니다.

체크포인트

✧

⊘ **유산을 조심해야 해요.**

입덧이 너무 심하면 전문의와 수액 요법 및 약 복용에 대해 상담하는 것이 좋아요.

⊘ **태아의 영양 공급을 위해 양질의 단백질, 철분, 칼슘, 비타민 등이 부족하지 않도록 충분한 영양을 섭취하는 것이 좋아요.**

임신 다이어리

9주차 (년 월 일 ~ 년 월 일)

이번주 한 줄 Tip

태아의 뇌 신경세포가 빠른 속도로 성장하여 완성되는 시기예요. 산책과 음악 감상으로 정서 관리에 신경 쓰면 좋아요. 두뇌 발달에 좋은 음식을 섭취하세요.

어떤 음식이 태아의 두뇌 발달에 좋을까요?

태아의 두뇌 발달을 돕는 중요한 영양소는 엽산이랍니다. 그래서 엽산이 많은 음식을 섭취하면 좋아요. 시금치, 키위, 브로콜리, 부추, 검은콩, 견과류 등이 있어요.

임신 다이어리

10주차 (년 월 일 ~ 년 월 일)

-
-
-
-
-
-
-
-
-
-
-
-
-

이번주 한줄 Tip

입덧으로 먹는 게 힘들어 영양 공급이 부족하다면 잠자리에 들기 전에 영양 보충제를 먹는 것도 도움이 돼요. 입덧이 임신 16주 이후까지 계속되는 경우는 드물어요. 조금만 견뎌내면 진정될 때가 올 거예요.

임신 다이어리

11주차 (년 월 일 ~ 년 월 일)

•
•
•
•
•
•
•
•
•
•
•
•
•
•

이번주 한줄 Tip

수필이나 시집, 태교에 관한 책을 읽어보세요. 책을 가까이하는 엄마의 모습은 뱃속 태아에게도 좋은 영향을 준답니다. 가벼운 산책으로 기분 전환을 해요.

임신 다이어리

12주차 (년 월 일 ~ 년 월 일)

-
-
-
-
-
-
-
-
-
-
-

이번주 한 줄 Tip

태교 다이어리를 쓰면 좋은 이유

출산 후 아이가 신생아 때가 지나고 유아기에 이르면 임신에 대한 기억을 많이 잊어버릴 거예요. 이것이 바로 다이어리를 써야 하는 이유랍니다. 임신기간 동안 느끼고 경험하는 것들에 대해 적어두는 거예요. 이 모든 것들은 엄마가 인생을 사는 동안 가장 잘한 일에 관한 중요한 기록들이 될 테니까요. 그리고 나중에 아이에게 소중한 선물이 될 거예요.

알아두면 좋아요

임신 중에 주의해야 할 것들

흡연

흡연은 임신 중에 태아에게 여러 가지 나쁜 영향을 미치기 때문에 어떠한 경우라도 무조건 담배는 끊어야 해요. 직장이나 가정에서의 간접흡연도 무시할 수 없답니다.

알코올

알코올이 배아와 태아에게 나쁘다는 것은 명백하기 때문에 절제하거나 되도록 피하는 게 좋아요.

카페인

카페인은 기형물질은 아니지만 하루 200mg 이하로 용량을 제한하는 것이 좋아요. 임신 중에는 되도록 카페인이 들어 있지 않은 전통차나 주스 등을 마시는 게 좋아요.

약물을 복용할 때

임신 초기 3개월 동안은 약물 복용이 가장 위험한 시기랍니다. 태아가 급성장하는 시기이고, 잘못될 가능성이 높은 시기이기도 해요. 임신 전에 처방받은 약물을 포함하여 약물을 복용할 때에는 반드시 전문의와 상의해야 해요. 그리고 연고, 아이크림, 파스를 쓸 때는 성분을 확인하고 사용 여부를 결정하세요.

38도 이상의 고열이 날 때

즉시 해열제(타이레놀)를 복용하고 내원해야 해요. 고열은 신경관 결손 등의 기형을 유발하는 원인이 될 수 있습니다.

질병은 위험해요

풍진, 수두, 홍역, 유행성 이하선염, 클라미디아, 임질, 음부 포진, 매독, 에이즈 등과 같은 질병들은 임산부나 태아에게 심각한 위험을 초래해요. 이들 중 어떤 질병이라도 의심이 될 때는 즉시 전문의와 상의해야 해요. 또한 풍진, 수두, 유행성 이하선염에 대한 항체가 생긴 상태가 아니라면 임신 전에 예방 접종이 필요해요. 만약 이러한 질병에 감염되었는지 모른다면 검사를 받아보는 것이 좋아요.

합성 세제, 페인트, 살충제 등의 흡입이나 피부 접촉은 피해야 해요

불필요한 X- ray 검사는 피하는 것이 좋아요

부득이하게 X-ray 촬영을 해야 할 때는 반드시 담당 의사나 검사 담당자에게 임신 사실을 알려주어야 해요.

애완동물은 가까이하지 않는 것이 좋아요

과거와는 달리 가정에서 애완동물을 키우는 경우가 많죠. 임신 전에 산모의 피검사를 통해 항톡소플라즈마 항체 여부를 확인하는 게 좋아요. 임신 중 태아의 감염을 예방하기 위해서 말이죠.

"나는 엄마의 따뜻한 뱃속이 좋아요.
살포시 눈이 감기려고 해요.
엄마랑 함께 잠이 들어요."

"엄마가 나를 사랑한대요."

태명 짓기

우리 아기 태명을 지어주세요!
뱃속 아기에게 태명을 지어주었나요? 엄마는 태명을 부를 때마다 아기 엄마가 되었다는 책임감과 함께 애정이 담긴 행복감을 느낄 수 있답니다. 그럼 앞으로 열 달 동안 함께하게 될 우리 아기의 뜻깊고 사랑스러운 태명을 지어볼까요?

- 엄마, 아빠가 고민 중인 태명들은

- 엄마, 아빠가 결정한 태명은

- 엄마, 아빠가 지은 태명의 의미는

필사 태교,
함께 써봐요

내 마음에 드는 글을 따라 써보세요.
내 손으로 한 글자씩 정성들여 쓰다 보면 집중도 되고 마음이 차분해지는 것을 느낄 수 있어요.

좋은 일을 생각하면 좋은 일이 생긴다.

나쁜 일을 생각하면 나쁜 일이 생긴다.

당신은 당신이 하루 종일 생각하고 있는 바로 그것이다. -조셉 머피-

감사하는 마음은 가장 위대한 미덕일 뿐만 아니라
다른 모든 미덕의 근원이 된다.

-키케로-

평생 동안 기도하는 말이
“감사합니다”라는 말뿐일지라도
그것으로 충분하다.

-마이스터 메크하르트-

임신 초기에 궁금한 것들

Q : 임신인지 모르고 약을 복용했는데 괜찮을까요?

A : 4주 이전의 약물 복용은 대부분 괜찮아요. 그래도 만일의 경우 기형을 발생시키는 약물도 있으므로, 복용한 약의 처방전을 챙겨가서 산부인과 주치의 선생님과 상담하는 것이 좋아요. 임산부 약물상담(마더 세이프 1588-7309)센터에 약물명, 기간 등을 알려주면 위험도를 안내받을 수 있답니다.

Q : 파마나 염색을 하고 싶은데, 아기에게 괜찮을까요?

A : 파마나 염색으로 인한 태아 기형은 아직까지 보고된 바는 없어요. 그런데 임신 초기는 태아의 장기가 만들어지는 시기이므로 피하는 것이 좋아요. 12주 이후 안정기에 들어서면 파마와 염색을 해도 태아에게 영향을 미치지는 않아요. 그러나 파마약이나 염색약이 민감한 임산부에게는 자극

적인 것이 사실인데요, 여기서 더 문제는 이를 위해 장시간 앉아 있을 수 밖에 없기 때문에 임산부에게는 무리가 갈 수 있으므로 삼가는 것이 좋습니다.

Q : 임신 중 화장을 하는 것은 괜찮을까요?

A : 화장을 해서 기분전환이 된다면 걱정하지 말고 해도 좋아요. 짙은 화장은 기미의 원인이 될 수 있지만, 임신 중에 생기는 기미의 경우는 출산 후에 대부분 사라지기 때문에 크게 걱정할 필요는 없답니다. 그래도 화장품에 포함된 성분을 확인하고 사용하는 것이 좋아요. 메틸파라벤, 에틸파라벤, 프로필파라벤, 에톡시글라이콜, 페녹시에탄올, 트리클로산, 벤조페논-3, 옥시벤존, 메틸이소치아졸리논 등은 주의해야 할 성분이니 꼭 확인을 해보세요. 특히 민감한 임산부는 식물성 제품이나 피부 자극이 없는 화장품을 사용하는 것이 좋습니다.

Q : 임신 중 여행 괜찮을까요? 해외여행도 괜찮을지 궁금해요.

A : 임신기간 여행은 금기가 아니에요. 그런데 장거리 여행일 경우는 임신 중기에 계획하는 게 좋답니다. 또 적당한 휴식과 함께하는 여행이 좋아요. 해외여행의 경우는 가급적 출산 뒤로 미루는 것이 낫겠지만, 건강한 임산부라면 주치의 선생님과 상의한 후 여행을 다녀와도 무방해요. 그리고 여

행지의 의료체제나 교통편 등을 미리 파악하고 무리 없는 일정을 계획하는 게 좋겠지요. 35주 이상은 항공사에 따라서 항공기 탑승에 관한 진단서를 요구하므로 출국 전에 확인하여 챙기셔야 해요.

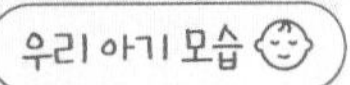

초음파 사진 붙이기

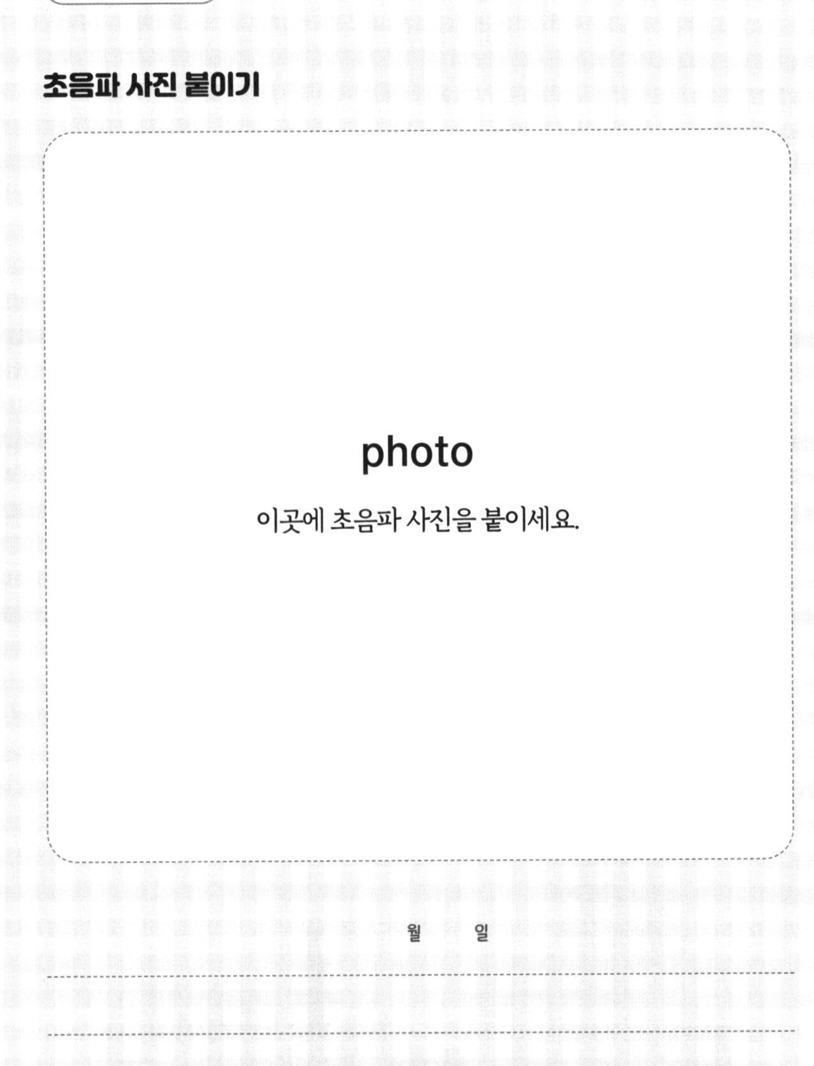

월 일

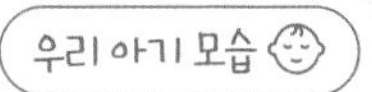

초음파 사진 붙이기

photo

이곳에 초음파 사진을 붙이세요.

월 일

초음파 사진 붙이기

photo

이곳에 초음파 사진을 붙이세요.

월 일

우리 아기 모습

초음파 사진 붙이기

photo

이곳에 초음파 사진을 붙이세요.

월 일

요가 태교 함께해요

이 책에는 임신 중 아내가 마음의 안정과 태교를 위해 임산부 요가 전문 선생님과 수련했던 다양한 동작들이 분기별로 들어 있어요. 사랑스러운 아기와의 만남을 기다리며 행복한 마음으로 꾸준히 운동하시길 바랍니다. 엄마의 건강한 출산과 뱃속 태아를 위해 요가는 좋은 운동이 되어줄 거예요. 자, 그럼 이제 함께 시작해볼까요?

임신 중 요가, 임산부에게 왜 좋을까요?

뱃속 태아에게는

요가는 운동할 때 항상 호흡법을 중요시해요. 이 호흡법들은 태아에게 산소를 원활하게 공급해주어 태아의 두뇌 발달과 성장에 도움을 줄 수 있답니다.

엄마에게는

- 요가의 특별한 이완과 호흡 조절, 집중, 명상은 산모가 자신의 마음과 감

정의 변화를 지켜볼 시간을 가질 수 있게 도와줘요.

- 호흡과 명상에 집중하는 요가를 통해 산모 스스로 감정을 조절하여 마음의 평정을 이끌 수 있게 도와줘요.
- 몸의 통증을 완화시켜 줄 수 있어요.
- 요가는 산모가 몸 안에서 일어나는 여러 변화에 잘 적응하고, 자연적 리듬에 따를 수 있도록 도와줘요.
- 임신기간 중에 오랫동안 지속되는 불필요한 몸의 손상뿐만 아니라 감정의 소모를 방지해주는 데 도움을 준답니다.

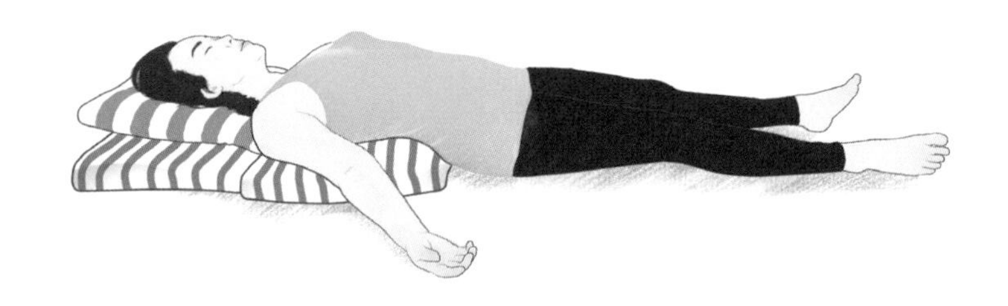

누운 이완 자세

준비물: 머리와 등을 받쳐줄 쿠션 또는 베개

수련 방법

1. 등을 바닥에 대고 편히 누운 후 양손은 손등이 바닥을 향하게 한다.
2. 양발의 간격을 골반 너비보다 넓게 벌린다.
3. 머리는 척추와 일직선이 되도록 둔다.
4. 몸을 편안히 한 상태에서 호흡의 흐름을 느낀다.
5. 이렇게 10분 정도 이완한다.

수련 효과

- 산모의 육체적 피로감과 정신적 긴장을 완화시키고 감정을 안정시켜 태아의 정서 발달에 도움이 될 수 있어요.
- 누운 이완 자세는 임신 초기뿐 아니라 중기, 후기에도 좋은 요가입니다.

임신 초기의 요가 수련2

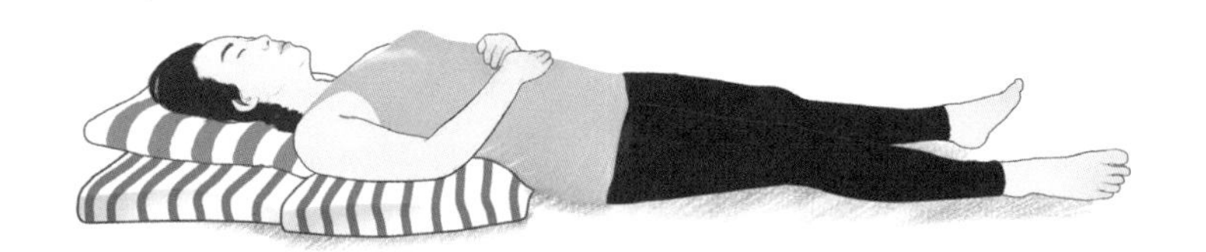

복식호흡

수련 방법

1. 누운 이완 자세에서 양손을 배 위에 놓고, 긴장을 푼다.
2. 천천히 숨을 들이쉴 때 배가 부풀어 오른다. 이 배의 움직임을 양손바닥을 통해서 느낀다.
3. 천천히 숨을 내쉴 때는 배가 꺼진다. 이 꺼지는 움직임을 양손바닥을 통해서 느낀다.
4. 호흡을 천천히 마음속으로 수를 세면서 조절한다. (예를 들어 들이쉴 때 마음속으로 하나, 둘, 셋, 넷하거나 내쉴 때 마음속으로 하나, 둘, 셋, 넷을 한다.)

5. 들이쉬고 내쉬는 호흡을 5번 정도 반복한다.

수련 효과

- 호흡의 작용은 몸과 마음의 작용과 밀접하게 연결되어 있어요.
- 분만 시 필요한 몸의 긴장이완 감각과 아기를 몸 밖으로 밀어내는 데 필요한 정확한 힘주기의 감각을 향상시키는 데 도움이 된답니다.
- 또한 호흡조절은 원하지 않는, 좋지 않은 생각이나 감정을 바로잡고 깨끗하게 하는 비움의 과정이기도 해요.
- 이런 호흡 수련을 통해서 산모는 신경을 진정시키며 안정과 평정함을 유지할 수 있습니다.

머리가 무릎으로 향하는 자세

준비물: 쿠션과 요가 벨트

수련 방법

1. 쿠션을 엉덩이 밑에 놓아서 엉덩이의 높이를 올려준다. 두 다리는 앞으로 편다.
2. 오른다리를 구부려 오른 뒤꿈치를 오른쪽 서혜부에 놓는다.
3. 왼다리는 앞으로 쭉 뻗는데, 양다리의 각도가 90도 가까이 되게 한다.
4. 몸무게를 엉덩이에 가게 하고 허벅지와 종아리를 바닥에 누른다.

5. 왼발에 벨트를 감고, 벨트 양끝을 손으로 잡는다.
6. 들이쉬고 내쉬는 호흡에, 양팔을 그대로 머리 위로 들어 올리며 편다. (2초 유지)
7. 들이쉬고 내쉬는 호흡에, 팔을 앞으로 뻗으며 천천히 내려와 벨트를 잡은 채 유지한다. (2초)
8. 들이쉬고 내쉬는 호흡에, 척추를 들어 올려서 허리를 최대한 오목하게 한다.
9. 이제, 호흡은 자연스럽게 하면서 10~15초로 현 자세를 유지한다.

수련 효과

- 척추와 등 근육, 허리 근육을 강화시켜 태아가 안전하게 있을 수 있도록 해줘요.
- 배, 요추, 꼬리뼈의 무거움과 척추에 작용하는 중력의 압박을 덜어줄 수 있어요.
- 다리에 생기는 부종을 경감시키는 데 도움이 돼요.
- 체열을 낮춰주고 땀을 줄여줄 수 있어요. (만약 지금 미열이 계속 있다면 이 행법을 꼭 수련해보세요.)

임신 초기의 요가 수련4

나비 자세

준비물: 쿠션과 요가 벨트

수련 방법

1. 엉덩이 밑에 쿠션을 받쳐서 엉덩이가 발보다 높은 위치에 있게 한다. 양 무릎을 구부려서 발바닥을 맞대고, 골반 앞 편안한 위치에 놓는다.
2. 양손으로 발을 잡거나 배가 압박될 경우는 그림처럼 벨트를 발에 걸어 잡는다. 어깨의 긴장을 풀고 천천히 등을 세운다. 조금 후에 이 상태에서 조금 더 이완되면 발을 더 안쪽으로 당길 수 있다.

3. 들이쉬고 내쉬는 호흡에 고관절과 어깨의 긴장을 풀며, 동시에 등을 조금씩 세운다.
4. 자세가 안정되면, 15초 정도 호흡을 느끼며 유지한다.
5. 이제 천천히 앞으로 구부리기를 시작한다. 들이쉬고 내쉬는 호흡의 흐름과 함께 엉덩이, 허리, 등, 어깨, 머리 순으로 앞으로 구부린다.
   (주의사항: 구부릴 때 강압적으로 등이나 무릎에 힘을 가하지 않도록 한다.)
6. 최종 자세에서 척추의 힘을 풀어서 머리가 좀 더 바닥으로 향하게 한다. 이때, 목 뒤의 근육을 완전히 이완시킨다. 이 상태에서 15초 정도 호흡의 흐름을 느끼며 유지한다.

수련 효과

- 고관절을 유연하게 해줘요. 태아의 자유로운 움직임과 안정된 성장을 위해 골반을 확장하는 데 좋아요. 골반의 혈액순환을 원활하게 도와주며, 골반 바닥 근육의 긴장을 이완시키는 데 좋아요. 분만 시에 골반이 어떻게 열리는지에 대한 감각을 일깨워줄 수 있어요. 골반의 위치와 몸의 자세를 바로잡아줄 수 있어요.

"요가 수련3과 요가 수련4는 임신 3분기 내내 가장 중요한 기초 행법입니다. 임신 초기, 중기, 후기 모두 적극 추천해요!"

"아가야,
네가 내 아기로 와줘서
정말 고마워."

임신 중기
4~7개월

앞으로 여섯 달,
너를 만나기까지의 시간

"엄마는 입덧이 조금 가라앉았어.
기운도 나고 말이야.
입덧이 없어지니 식욕이 늘어 엄마를 놀라게 한 거 있지.
엄마는 이제 운동도 시작했단다.
걷기도 하고, 요가도 하고, 수영도 하고.
그리고 배도 조금 불러오기 시작하는 거 같아.
뱃속에 네가 있다는 게 아직도 신기해, 엄마는."

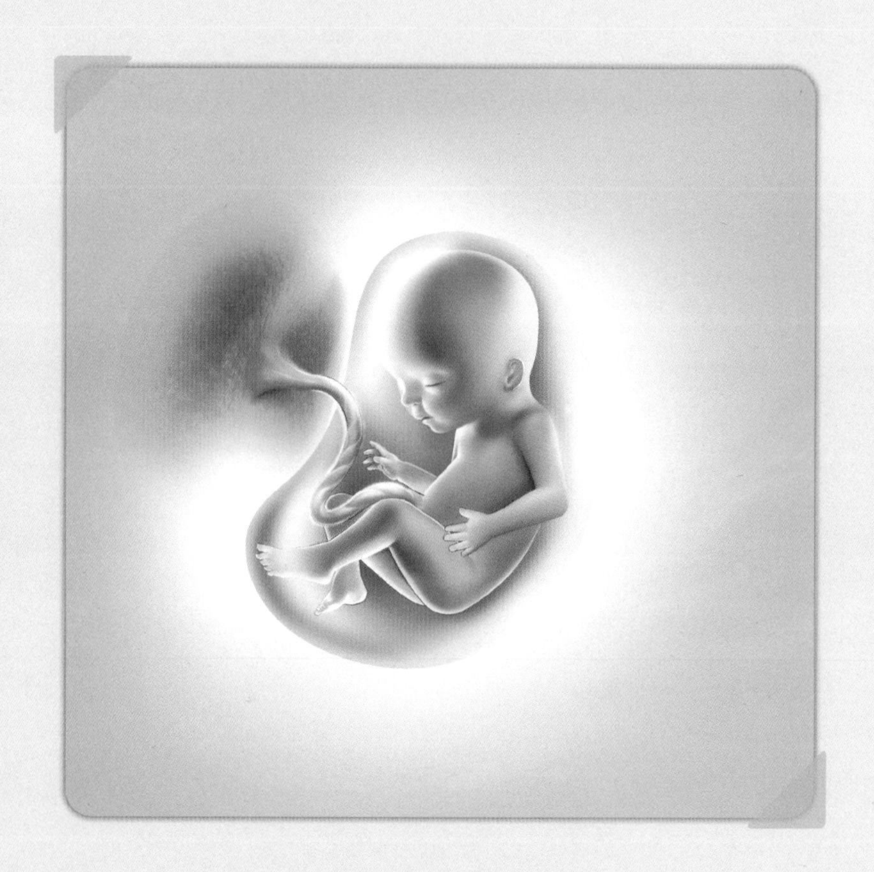

"엄마, 나는요

엄마가 웃으면 나도 웃어요.

엄마가 슬퍼하면 나도 슬퍼해요.

엄마가 놀라면 나도 놀래요.

엄마가 느낀 대로 나도 느껴져요.

나는 엄마가 편안한 마음으로 있으면 좋겠어요."

임신 4개월 때

엄마도 태아도 임신에 익숙해지고 안정감을 느끼는 시기예요. 입덧도 가라앉고 유산의 위험성도 어느 정도 사라지는 때니까요. 하지만 위험성이 완전히 없어진 것은 아니니 조심하는 것이 좋지요. 이제는 본격적인 태교를 시작하세요. 엄마의 마음과 정성을 고이 담아 소중한 태교를 해보세요.

태아의 성장

태아의 키는 약 16~18cm, 몸무게는 100g 정도로 자라요.

태아의 얼굴이 점점 사람다워진답니다. 눈이 서로 가깝게 자리 잡히고, 귀도 거의 정상적인 위치에 오고, 머리카락도 나기 시작해요. 근육이 생성되어 움직이고 말이에요. 손을 꽉 쥐기도 하고, 인상을 찌푸리기도 해요. 또 하나 신기한 건 손가락을 빨기도 하는 거랍니다.

엄마의 변화

자궁은 아기 머리만 한 크기 정도예요.

배가 조금씩 나오는 것을 느낄 수 있어서 이제 살짝 넉넉한 옷을 입는 게 좋겠어요. 입덧이 완화되면서 식욕이 생기기 시작해요. 유산의 위험성도 줄어드는 시기이지만 아직 위험은 남아 있으니 여전히 생활에 주의가 필요하답니다. 빠르면 이때쯤 태아의 태동을 처음 느낄 수도 있어요. 배와 가슴, 엉덩이에 임신선이 나타나기도 하지요.

체크포인트

✧

- **임신 중 가장 부족해지기 쉬운 영양소인 철분 보충에 신경 써야 해요.**
  임신 후반기에는 철분 요구량이 급격하게 증가하게 돼요. 빈혈이 있는 임산부인 경우에는 임신 초기부터, 그렇지 않은 임산부는 중기부터 철분 보충에 각별히 신경을 써야 해요.

- **변비를 조심하세요.**
  변비가 있는 경우 유산균 섭취와 함께 먼저 수분 및 섬유질 함유 식품 → 푸룬주스 → 마그밀(배변 완화제) 순으로 해결하는 것이 좋아요.

- **독감 예방 백신 접종(독감 유행 시즌인 매해 9월 이후)을 해요.**

임신 다이어리

13주차 (년 월 일 ~ 년 월 일)

•
•
•
•
•
•
•
•
•
•
•
•
•

이번주 한줄 Tip

집 근처 보건소를 들러보면 좋아요. 신생아 예방 접종과 임산부를 위한 각종 프로그램과 혜택이 많아요. 그리고 임산부를 위한 여러 교실이 있답니다. 가까이는 산부인과 병원에도 다양한 강좌들이 마련되어 있어요.

임신 다이어리

14주차 (년 월 일 ~ 년 월 일)

-
-
-
-
-
-
-
-
-
-
-
-
-
-

이번주 한줄 Tip

변비에 걸렸다면 김치, 감자·우엉 등의 채소류, 과일류, 찹쌀·현미 등의 잡곡류, 미역·다시마 등의 해조류를 많이 먹으면 좋아요.

임신 다이어리

15주차 (년 월 일 ~ 년 월 일)

-
-
-
-
-
-
-
-
-
-
-
-
-

4개월

이번주 한 줄 Tip

만일 충치나 잇몸 염증이 생겼다면 임신 4~8개월 사이에 치료하는 것이 좋아요. 진료 시에는 치과의사에게 임신 사실을 꼭 알리셔야 해요(X-ray 촬영이 가능하며, 국소 마취제 사용도 가능하니 참고하세요).

임신 다이어리

16주차 (년 월 일 ~ 년 월 일)

-
-
-
-
-
-
-
-
-
-
-
-
-

이번주 한 줄 Tip

이제 태아가 소리에 반응하게 되므로 아침, 저녁 인사를 해보아요. 태담 태교에 아빠도 적극적으로 동참하는 게 좋아요. 태아가 엄마와 아빠에게 사랑받는다는 느낌을 갖게 되므로 정서적으로 좋답니다.

알아두면 좋아요

엄마와 태아를 위한 임신 중 운동

임신 중 운동은 어느 정도까지 해야 좋을까요? 판단하기가 쉽지 않을 거예요. 일반적으로 격렬하거나 과격한 운동은 피해야 해요. 하지만 신체적 부담이 많지 않은 운동은 제한할 필요가 없어요. 가벼운 운동을 규칙적으로 짧은 시간 동안 하는 것이 좋답니다.

적당한 운동이 임산부와 태아에게 꼭 필요한 이유

- 건강한 임산부가 건강한 아이를 출산하겠죠? 실제로 신체 건강 검사에서 높은 점수를 받는 아이를 출산하게 돼요.
- 스트레스에 유연하게 대처할 수 있게 하며, 감정의 급격한 요동에도 도움을 준답니다.
- 산통과 분만을 좀 더 쉽게 그리고 빠르게 유도해주지요.

임산부에게 좋은 운동 세 가지!

산소와 영양은 태아의 뇌 발달에 꼭 필요한 요소예요. 유산소 운동을 하면 바로 이 산소의 양이 체내에 늘어나게 되어 도움이 된답니다. 그리고 노폐물의 배설이 수월해져 태아의 성장 발달을 돕기도 하지요.

걷기

걷기는 임신 후에 운동을 시작했거나 운동을 그리 즐기지 않았던 임산부에게 좋아요. 하루 30분 정도가 적당해요. 무엇보다 꾸준히 하는 것이 중요하답니다. 그리고 충격 완화가 잘 되는 편한 운동화를 신어야 해요.

수영

수영은 임신이 안정된 16주 이후부터 의사와 상담한 후 하는 것이 좋아요. 그리고 분만일이 다가오는 9개월부터는 조심하셔야 해요. 또 배가 당기거나 출혈이 있을 때는 하지 마시고 의사와 상담하는 것이 좋아요.

요가

요가는 임산부에게 좋다고 많이 알려진 운동이에요. 이 책에서 소개한 요가 수련을 매일 따라해보세요.

이럴 땐 절대로 운동을 해서는 안 돼요!

- 유산의 경험이 있다거나
- 자궁 경부 이상
- 임신 12주 후 지속적인 출혈이 있을 때
- 조산의 증상이 있거나 조산 경험이 있다면
- 임신으로 인한 고혈압이 있을 때
- 태반 질병이 있다면
- 양막 파열
- 쌍둥이 또는 그 이상의 태아를 가졌을 때

필사 태교, 함께 써봐요

내 마음에 드는 글을 따라 써보세요.
내 손으로 한 글자씩 정성들여 쓰다 보면 집중도 되고 마음이 차분해지는 것을 느낄 수 있어요.

사랑은 유리다.

아무렇게나 잡거나,

너무 꽉 잡으면 깨어진다.

-러시아 속담-

사랑받고 싶다면 사랑하라.

그리고 사랑스럽게 행동하라.

-벤저민 프랭클린-

어머니의 사랑은 신의 영원한 사랑을 닮았다.

이것은 끝도, 변함도 없다.

높은 곳에 계신 신의 사랑처럼.

지혜로운 신께서는 알고 계셨다.

당신께서 세상 모든 곳에 존재할 수 없음을.

그리하여 당신의 어린 자녀들을 사랑 가득한

어머니의 손길 안에 두셨다.

-작자미상-

앞으로 다섯 달,
너를 만나기까지의 시간

"오늘 엄마는 너무나 기뻤어.

네가 움직이는 걸 처음으로 느꼈단다.

엄마가 어느 정도로 기뻐했는지 아니?

그 어떤 것과도 비교할 수 없을 정도로 기뻤어.

엄마는

이제 실감이 나.

네가 내 아기가 되었단 게 말이야."

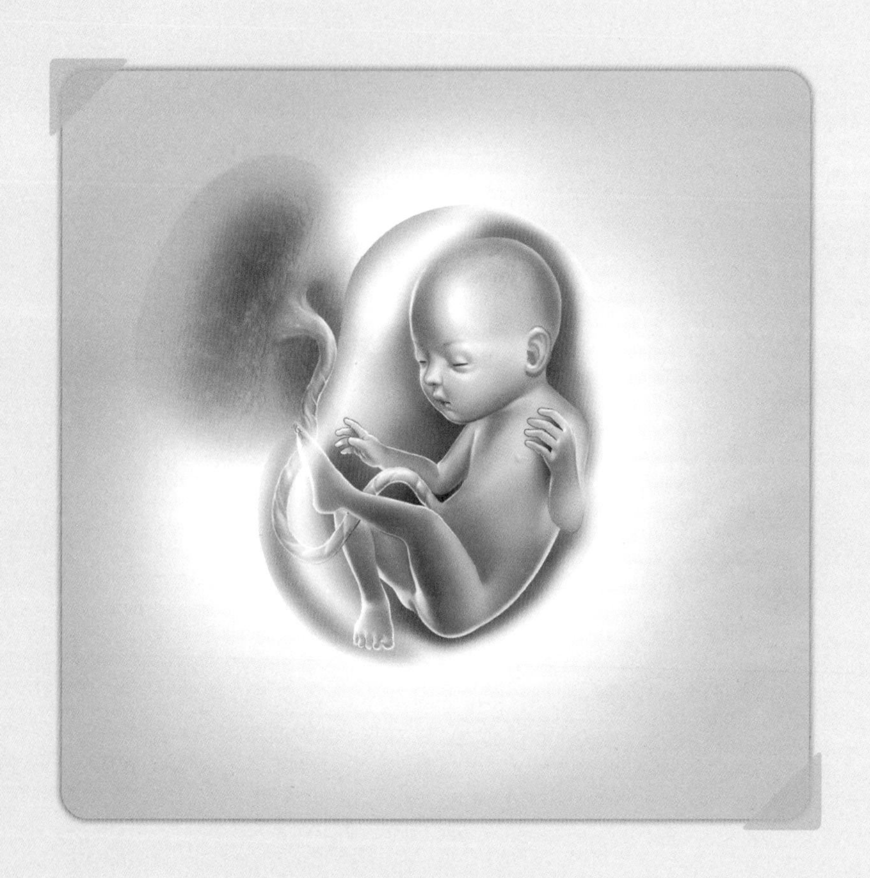

"엄마 느껴져요?

나는 엄마 뱃속에서 이곳저곳으로

여행을 하고 있어요.

양수도 삼켜봤어요.

숨 쉬는 연습도 하고 말이에요.

이렇게 조금씩

내 몸에 익숙해져 가는 느낌이에요."

임신 5개월 때

와! 태동이 느껴져요. 정말 감격스러운 경험이 아닐 수 없을 거예요. 태동이 느껴질 때마다 태담으로 자연스러운 교감을 하면 좋아요. 이제 임신이 안정되고 몸가짐도 편안해지는 시기랍니다.

태아의 성장

태아의 키는 약 20~28cm, 몸무게는 300g 정도로 자라요.

이때의 태아는 머리보다 몸의 성장 속도가 더 빨라져서 몸과 머리의 비율이 점점 자연스러워진답니다. 정밀 초음파 검사를 하면 완전한 형상으로 발육된 태아의 모습을 볼 수 있어요. 손톱이 자라고 양수를 삼키기도 한답니다.

엄마의 변화

자궁은 어른 머리만 한 크기 정도.

몸무게가 2.5~5kg 정도 늘 수 있어요. 자궁이 커지고 복부의 인대가 늘어남에 따라 하복부에 통증이 느껴지기도 해요. 임신이 안정되어 부부 관계도 더 적극적으로 할 수 있지요. 이제 편안한 마음으로 여행을 계획해도 좋아요.

체크포인트

✧

⊘ **임신중독증을 조심하세요.**

주로 임신 20주부터 임신중독증이 나타날 수 있어요. 고혈압, 단백뇨, 부종이 특징인데요, 20주부터는 병원 내원 시 소변 스틱 검사, 혈압 검사를 반드시 해야 해요.

두통, 복통, 시야 흐림 등의 증상이 나타나는 경우는 즉시 내원하여 검사를 받아야 합니다.

이를 예방하기 위해서는 체중 조절에 신경 써야 해요. 싱겁게 먹는 습관을 들이고 양질의 단백질과 칼슘을 충분히 섭취하면 좋아요.

⊘ **무거운 것을 들거나 배에 힘을 주는 행동은 삼가는 것이 좋아요.**

임신 다이어리

17주차 (년 월 일 ~ 년 월 일)

-
-
-
-
-
-
-
-
-
-
-
-
-
-

이번주 한줄 Tip

철분이 풍부한 음식을 많이 섭취해야 할 때예요. 철분이 많은 음식으로는 계란노른자, 우유, 두부, 김, 미역, 간, 쇠고기, 시금치, 깻잎, 브로콜리, 가지, 아몬드 등이 있어요.

임신 다이어리

18주차 (년 월 일 ~ 년 월 일)

-
-
-
-
-
-
-
-
-
-
-

이번주 한 줄 Tip

태담이 태아에게 좋은 세 가지 이유

- 신체 및 사회성 발달에 좋아요.
- 신경 발달에 좋아요.
- 정서적으로 안정을 느껴서 좋아요.

그리고 태담을 나누면서 부부 사이의 애정도 깊어질 수밖에 없겠죠?

임신 다이어리

19주차 (년 월 일 ~ 년 월 일)

•

•

•

•

•

•

•

•

•

•

•

•

•

이번주 한줄 Tip

- 두통이 심할 때는 냉찜질이 좋아요. 목 뒷부분에 얼음을 댄 후, 약 20분 동안 눈을 감고 휴식 시간을 가져보세요.
- 초음파 검진 중에 어쩌면 아기가 손가락을 빼는 모습을 볼 수도 있어요.

임신 다이어리

20주차 (년 월 일 ~ 년 월 일)

•

•

•

•

•

•

•

•

•

•

•

•

•

•

이번주 한줄 Tip

몸이 점점 무거워지고 있을 거예요. 더 무거워지기 전에 집 안에 있기보다는 산책을 자주 하는 것이 좋아요. 신선한 산소를 태아에게 전달할 수 있으니까요.

알아두면 좋아요

태동은 아기가 보내는 신호

5개월

태동을 느낄 수 있는 시기는 임산부마다 다 달라요

태아가 엄마 뱃속에서 손발을 움직이거나 회전하거나 하는 등의 움직임을 지칭해 태동이라고 해요. 태아의 움직임은 임신 8주경부터 시작되지만 실제 임산부가 느끼기 시작하는 건 보통 18~20주부터입니다.

태동은 아기가 살아 있다는 신호이고 건강하다는 증거예요

개인차가 있지만 임신 6개월에 들어서서도 태동을 느낄 수 없다면 전문의와 상의해야 해요. 또한 태동을 매일 느끼다가 어느 날 갑자기 태동을 한 번도 느끼지 못하는 때도 주의해야 해요. 이런 경우에도 역시 전문의와 상의하는 것이 좋아요.

아빠 태담을 시작해보세요

임신을 직접 느낄 수 없는 예비 아빠들에게 태동은 태담을 시작하기에 좋은 기회예요. 태아는 성장하면서 움직임이 커져요. 태동을 처음 느꼈을 때에는 이게 태동이 맞나 싶을 정도로 미미할 수 있어요. 그러다가 임신 후기로 갈수록 태동이 커지게 되죠. 눈으로 배의 움직임을 확인할 수 있을 정도로 말이에요. 아내의 배에 손을 얹어 태동을 직접 느끼게 되면 보다 적극적으로 태담을 하고 싶다는 생각이 든답니다.

태담은 말 그대로 아기가 엄마 뱃속에 있을 때 하는 모든 말들을 뜻해요

태담은 특별하지만 어려운 건 아니에요. 상담, 면담 등과 같은 단어에서 생각해볼 수 있듯이 서로 대화를 주고받으며 얘기하는 거예요. 태아와 주고받는 모든 대화가 태담이라고 할 수 있겠죠.

태담이 중요한 이유

태담은 태아의 존재감을 높이기 위해 꼭 필요해요. 아기의 존재를 보다 빨리 인식하고 느껴서 엄마와 아빠의 사랑을 아기에게 고스란히 전해주기 위해서 말이죠.

최고의 태담은 바로 아빠 목소리

중저음의 아빠 목소리는 뱃속 태아에게 더 잘 전해져서 엄마 목소리보다 아기가 더 잘 반응한다고 해요. 매일 아빠의 목소리를 들려주세요. 그럼 아기는 아빠가 함께 있다고 느끼면서 정서적으로 안정과 신뢰를 가질 수 있답니다. 하루 중 언제 어느 때라도 엄마 배 위에 손을 얹고 태아에게 일상생활에서 일어나는 모든 일들을 얘기해주세요. 예쁜 동화나 동시도 들려주면 좋아요. 태아에게도 아빠의 행복한 마음이 전해질 거예요.

필사 태교,
함께 써봐요

내 마음에 드는 글을 따라 써보세요.
내 손으로 한 글자씩 정성들여 쓰다 보면 집중도 되고 마음이 차분해지는 것을 느낄 수 있어요.

인생에서 최고의 행복은
사랑받고 있다는 확신을 갖고 있을 때이다. -빅토르 위고-

당신의 생각을 바꿔라.
그러면 당신의 세상이 바뀔 것이다. -노먼 빈센트 필-

생각을 조심하라. 생각은 말이 된다.

말을 조심하라. 말은 행동이 된다.

행동을 조심하라. 행동은 습관이 된다.

습관을 조심하라. 습관은 인격이 된다.

인격을 조심하라. 인격은 운명이 된다.

\- 마더 테레사-

앞으로 네 달,
너를 만나기까지의 시간

"엄마가 오늘은 입체초음파 검사를 했단다.

네가 어떻게 생겼는지 볼 수 있었어.

근데 말이야, 엄마는 깜짝 놀랐단다.

왠지 아니?

아빠랑 너무 똑같지 뭐야.

우리 귀여운 아기, 잘 크고 있으니까 정말 좋다."

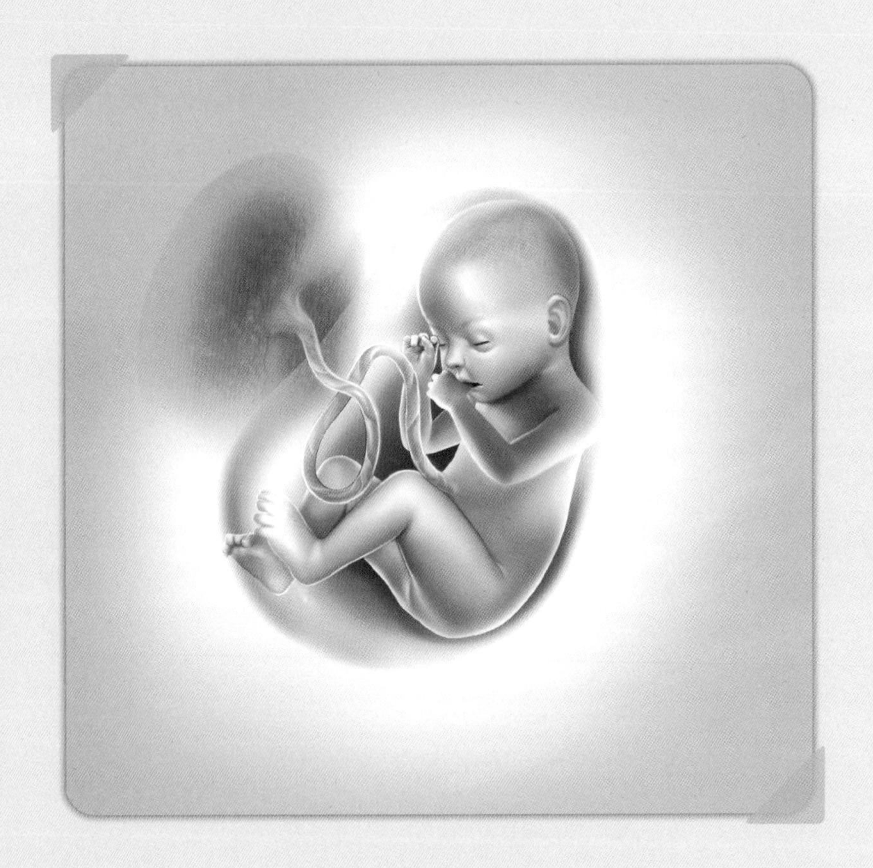

"엄마!

이제 아빠 목소리도 들려요.

나는 엄마 뱃속에서도 아빠의 사랑을 느낄 수 있어요.

아빠 있잖아요,

아빠 목소리를 많이 들려주세요.

나는 아빠도 사랑해요.

나는 엄마 몸이기도 하고, 아빠 몸이기도 하니까요.

엄마랑 아빠가 행복하면,

나도 행복한 거 알죠?"

임신 6개월 때

배가 눈에 띄게 나오기 시작해요. 체중도 하루하루 늘어갈 거예요. 앉거나 서 있을 때 무게 중심이 배로 쏠려서 요통이 심해질 수 있어요. 이를 예방하는 가장 좋은 방법은 곧은 자세를 유지하는 거예요. 태아의 장기가 완성되는 때인 만큼 병원에서 정밀 초음파 검사를 받게 된답니다.

태아의 성장

태아의 키는 약 28~30cm, 몸무게는 700g 정도로 자라요.
골격이 단단해지고 근육에 힘이 생겨서 훨씬 활발한 태동을 느낄 거예요. 윗눈썹과 속눈썹이 완전히 자라게 돼요. 손톱도 손가락 끝을 덮을 만큼 자라나요. 자궁 밖의 외부 소리를 듣고 반응할 수 있을 만큼 청력도 발달을 하지요. 잇몸선 아래에서는 치아 생성의 첫 징후가 나타나기도 한답니다.

엄마의 변화

자궁이 배꼽 위 약 3.7cm 정도까지 올라오게 돼요.

자궁이 계속 커져 폐를 압박해 종종 호흡이 곤란해질 수도 있을 거예요. 위를 압박하기도 해서 소화가 잘 안 된다거나 속쓰림이 느껴지기도 하지요. 치질이 생기기도 하는데, 하반신의 혈액 순환이 막히는 것이 원인이 되어 그럴 수 있어요. 손과 발의 관절뿐만 아니라 다른 관절까지도 임신 호르몬의 영향을 받아 약해진답니다.

체크포인트

✧

⊘ **임부복 준비와 산모용품, 신생아용품 등을 준비해요.**

⊘ **병원에 가야 하는 응급상황**

- 갑자기 하혈(자궁 출혈)이 발생할 때
- 복통이 갑자기 심할 때
- 배가 갑자기 뭉칠 때
- 태동이 없거나 갑자기 준다고 느껴질 때
- 양수가 샐 때
- 열이 나거나 오한이 날 때
- 심한 구토가 지속적으로 있을 때
- 두통이 심하거나 눈이 침침하다고 느낄 때
- 몸이 많이 붓는다고 느낄 때

임신 다이어리

21주차 (년   월   일 ~   년   월   일)

이번주 한줄 Tip

두뇌 발달에 좋은 음식들

굴, 고등어, 오징어, 장어 구이, 잣죽, 간 구이, 견과류 등이 좋아요. 태아의 두뇌 발달을 돕는 영양소인 글루타치온, 타우린, 비타민E가 많이 함유되어 있답니다.

임신 다이어리

22주차 (년 월 일 ~ 년 월 일)

-
-
-
-
-
-
-
-
-
-
-
-
-
-

이번주 한줄 Tip

아내에게 사랑과 배려의 말을 많이 해주세요. 임신한 아내의 마음을 긍정적으로, 그리고 밝게 해주는 것이 중요하답니다. 태교는 마음가짐에서 출발하니까요.

임신 다이어리

23주차 (　　년　월　일 ~ 　　년　월　일)

•

•

•

•

•

•

•

•

•

•

•

•

이번주 한 줄 Tip

외출할 때는 자외선 차단제를 꼭 준비하세요. 호르몬 불균형의 영향으로 기미, 주근깨가 생기기 쉽습니다. 평상시 케겔 운동을 하면 좋아요. 임신 20주 즈음부터 시작하면 산후 요실금, 질 이완증을 예방할 수 있어요. 항문을 8~10초 정도 조였다가 힘을 빼주세요. 이렇게 10~20회씩 하루 세 번 정도 반복해요. 평생 운동으로도 좋아요.

임신 다이어리

24주차 (　　년　　월　　일 ~ 　　년　　월　　일)

•
•
•
•
•
•
•
•
•
•
•
•
•
•

이번주 한줄 Tip

태동이 심해지는 시기예요. 화초를 키우면 정서 안정에 도움이 될 수 있어요. 그리고 따뜻한 햇볕을 쬐면 아기의 감수성에 좋아요.

알아두면 좋아요

비만을 주의하세요

임신 중에는 비만을 주의해야 해요. 임신 중 비만은 엄마와 태아 모두에게 건강을 위협하는 여러 문제를 일으킬 수 있어요.

엄마에게는

- 임신중독증이 생길 수 있어요. 비만 여성은 정상인보다 임신중독증에 걸릴 확률이 3.5배나 높다고 해요.
- 임신성 당뇨병이 생길 수 있어요.
  비만 여성은 정상인보다 발병률이 무려 14배나 높다고 해요.
- 허리에 부담이 되므로 요통의 원인이 될 수 있어요.
- 비만이 심해지면 진통 때에도 많은 불편과 고통을 일으킬 수 있어요.
- 출산 후 산후 회복이 더뎌질 수 있어요.

태아에게는

- 4~4.5kg 이상의 거대아로 태어날 위험이 높아 난산의 가능성이 커져요. 거대아를 출산하는 경우 산모가 과다 출혈을 일으키고 제왕절개 가능성이 높아진다는 연구 발표도 있어요.
- 신생아 저혈당이나 신생아 황달 및 호흡 곤란 빈도 증가로 이어질 수 있어요.
- 태아 때의 비만은 소아 비만이나 심혈관 질환으로까지 이어질 위험이 커요.
- 비만으로 인한 임신중독증이 생겼을 경우 2.5kg 미만의 미숙아가 태어날 수도 있어요.

적정 체중을 유지하세요

- 임신 중에는 항상 적절한 체중 증가에 신경을 써야 해요.
- 과식을 삼가야 해요.
- 영양소가 골고루 포함된 규칙적인 식사를 하는 것이 좋아요.
- 당분이 많은 음식들은 주의해야 해요.
- 통곡물 위주의 식사를 하는 것이 좋아요.

읽고 따라 쓰는 감성 태교

필사 태교, 함께 써봐요

내 마음에 드는 글을 따라 써보세요.
내 손으로 한 글자씩 정성들여 쓰다 보면 집중도 되고 마음이 차분해지는 것을 느낄 수 있어요.

먼저 스스로 마음의 평온을 유지해야

다른 사람도 평온하게 만들 수 있다.

-토마스 아 켐피스-

행복이라는 감정이 유전적 영향을 받는 것을 부인할 수는 없다.

하지만 후천적인 노력으로도 얼마든지 계발이 가능하다.

행복을 계발할 수 있는 수많은 방법들 중 하나가

바로 감사하는 것이다.

감사하는 마음을 가지면 행복해진다.

-마틴 셀리그만, 펜실베이니아 대학 교수-

세상에는 빵 한 조각 때문에 죽어가는 사람도 많지만,

작은 사랑도 받지 못해서 죽어가는 사람은 더 많다. -마더 테레사-

앞으로 세 달,
너를 만나기까지의 시간

"우리 아기는 밤이 놀이 시간인가봐.

엄마 아빠가 잠들려고 하면

신나게 뛰어노는 아이처럼

이리저리 쿵쾅쿵쾅!

엄마도 너랑 재미있게 놀 수 있는 날이

어서 왔으면 좋겠어."

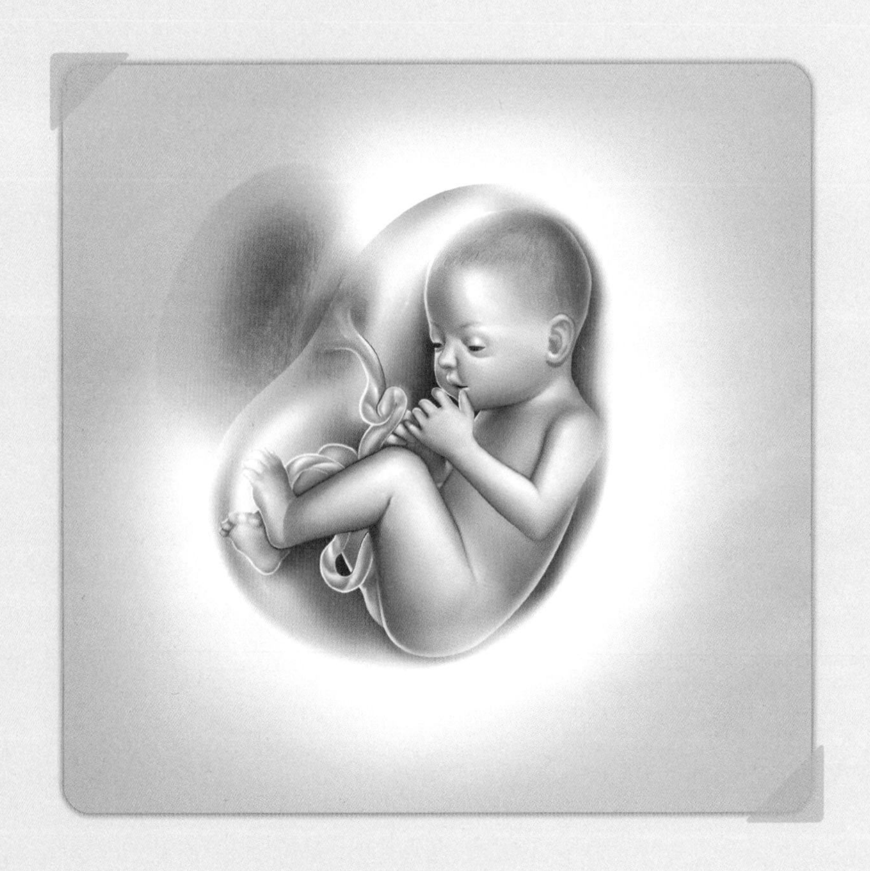

"엄마, 나에게는
엄마의 하루가 고스란히 전해져요.
엄마와의 연결고리로 태어난 다음에는
어떻게 살아가야 할지도
알아가고 있는 걸요.
내가 밖으로 나갈 때가 되면
이 천국 같은 따뜻한 뱃속에서의 일들 모두를
기억할 수는 없을 테지만 내 마음속 깊은 곳에
소중하게 간직하고 있을게요."

임신 7개월 때

임신 10개월 중 가장 편안한 시기지만 조산의 위험을 생각하면 조금은 조심스러운 때이기도 해요. 마음이 안정되는 시기이니만큼 뱃속 아기에게 태담을 자주 해주는 것도 좋아요. 아기가 태어난 후의 계획을 세워보고 출산에 대한 공부를 하는 것도 필요해요. 그리고 임신 후기에 접어들수록 각별한 주의가 필요하답니다.

태아의 성장

태아의 키는 약 35cm, 몸무게는 800~1,000g 정도로 자라요.
이제 마지막 3개월의 시기로 태아는 자궁의 모든 공간에 꽉 차 있게 돼요. 움직임이 활발해지고 눈도 떴다 감을 수 있고 명암까지 느낄 정도의 시력을 갖게 돼요. 청력은 귀로 가는 신경이 완성되는 7개월 말까지 지속적으로 발달해요. 맛에 대한 감각도 발달하기 시작하는 등 감각 기관이 한결 예민해지는 때랍니다.

엄마의 변화

자궁은 농구공만 한 크기 정도.

이 시기의 임산부 몸은 빠르게 변화해요. 자궁의 크기가 커지고 흉곽 가까이까지 높이 올라와 있게 돼요. 다리 경련, 정맥류, 치질 등과 같은 임신 트러블에 시달릴 수도 있어요. 가슴의 변화도 빠르게 나타나요. 가슴이 커지는 것은 물론이고 유두 주변에 작은 돌기가 생기기도 한답니다.

체크포인트

✧

- 빈혈 증세가 나타난다거나 현기증을 느끼기 쉬울 때이므로 폐쇄 공간은 피하세요.

- 임신 27주부터 백일해 예방접종을 해요.
  산모는 물론 아기와 접촉하는 아빠, 할머니, 할아버지 등 보호자도 함께 접종하면 좋아요.

- 하지부종이 생길 경우 압박스타킹을 착용하면 완화에 도움이 돼요.
  (산모의 경우 25주 이상에서 압박스타킹이 국가 보험이 된답니다. 압박스타킹은 병원에서 처방가능합니다.)

임신 다이어리

25주차 (년 월 일 ~ 년 월 일)

-
-
-
-
-
-
-
-
-
-
-
-

이번주 한 줄 Tip

대한소아청소년과학회(http://www.pediatrics.or.kr/), 대한산부인과학회(http://www.ksog.org/), 예방접종도우미(https://nip.cdc.go.kr/irgd/index.html) 등은 즐겨찾기 해두면 좋아요. 궁금한 정보가 있을 때 신뢰할 만한 정보를 찾을 수 있는 인터넷 사이트예요. 뱃속 아기는 이제 미각이 발달해서 맛을 느낄 수도 있답니다.

임신 다이어리

26주차 (년 월 일 ~ 년 월 일)

•

•

•

•

•

•

•

•

•

•

•

이번주 한줄 Tip

가슴이나 배, 다리가 가려울 때에는 보습제를 바르면 한결 나아질 거예요.

발이 편한 신발을 신으세요

임신기간에는 릴렉신(Relaxin)이라는 호르몬이 분비돼요. 이 호르몬은 몸 전체의 인대와 근육에 영향을 주게 되죠. 그래서 인대가 늘어나고 발이 부으면서 커지게 돼요. 굽은 5cm 이하, 통풍이 잘되고, 미끄럼 방지 처리가 되어 있는 넉넉한 신발이 좋답니다.

임신 다이어리

27주차 (년 월 일 ~ 년 월 일)

•
•
•
•
•
•
•
•
•
•
•
•
•

이번주 한 줄 Tip

태아는 청각이 발달되어 아빠와 엄마의 목소리를 구별할 줄 알게 돼요.
아빠의 차분한 목소리로 노래나 동화책을 들려주면 좋아요. 책을 조금 과장된 목소리로 읽어주면 청각 자극이 충분히 될 수 있어서 좋아요.

임신 다이어리

28주차 (년 월 일 ~ 년 월 일)

•

•

•

•

•

•

•

•

•

•

•

•

•

이번주 한줄 Tip

비타민C를 보충해야 한다면 과일차를 많이 드세요. 모과차, 유자차, 귤차 등이 좋아요. 하루 30분 정도의 가벼운 산책은 임산부와 태아 모두에게 좋습니다. 시간대는 오전 10시~오후 2시가 가장 좋아요.

알아두면 좋아요

임신 중 일상생활 가이드

부부 관계

임신 중 성생활은 임신 초기와 후기에만 주의한다면 괜찮아요. 질 출혈이나 조산의 위험이 큰 경우를 제외한다면요. 만일 태반의 위치가 잘못되었거나 유산, 조산, 감염, 하혈 등의 경험이 있다면 임신 후기 때는 전문의와 상의하세요. 또 양수막이 손상되어 양수가 새어 나온 경우에는 성관계를 피해야 해요. 그리고 성관계 후 한 시간 이상 진통이나 복부 경련이 계속될 경우 자궁 경부가 손상되었을 수도 있으므로 즉시 병원으로 가야 해요.

목욕

임신 중에는 신진대사가 활발해져 분비물이 많아지는데, 매일 샤워를 해 청결하게 유지하는 것이 좋아요. 뜨거운 욕조 안에 몸을 담근다거나 사우나 등은 체온 상승을 방지하기 위해 피해야 해요. 임신 중 목욕은 뜨겁거나 찬물은 피하고 적당히 따뜻한 물에서 10~15분 정도가 좋아요.

자동차 운전

운전은 될 수 있으면 하지 않는 것이 좋아요. 임신 중에는 쉽게 피로를 느끼고 운동 신경이 둔해지기 때문이죠. 부득이하게 운전을 해야 한다면 안전벨트가 배를 압박하지 않도록 조절하고 발이 붓거나 저릴 수 있기 때문에 중간중간 자주 쉬는 게 좋아요.

무거운 물건을 들 때

임신 중 무거운 물건을 드는 일은 가급적 피하세요. 배에 압력이 가해지기 때문이에요. 특히 바닥에 놓여 있는 물건을 갑자기 위로 들어 올리는 것은 위험해요. 이런 경우, 무릎을 굽혀 앉았다가 천천히 일어서면서 들어 올리는 게 좋아요. 배에 부담이 가지 않도록 조심해야 해요.

화장을 할 때

화장을 하는 게 기분전환이 된다면 걱정하지 말고 하세요. 짙은 화장은 기미의 원인이 될 수도 있지만 임신 중 생기는 기미는 출산 후 대부분 없어지기 때문에 걱정할 필요까지는 없답니다.

컴퓨터로 작업을 할 때

컴퓨터의 장시간 사용은 임산부의 자세나 손목 관절에 무리가 가며 나쁜 영향을 줄 수밖에 없어요. 태아에게도 좋을 리 없겠죠. 최소 30분에 한 번씩은 휴식을 취하는 게 좋아요.

몸에 꼭 끼는 옷을 입을 때

배가 많이 나오지 않는 임신 초기라면 어느 정도 허용되지만, 중기나 후기에 들어서면 배를 조이는 옷은 피해야 해요. 임신 중에는 몸이 편안한 여유 있는 옷을 입는 것이 좋아요.

계단을 이용할 때

임신 중 계단을 오르내리는 것은 크게 문제가 안 될 거예요. 그런데 자칫 구른다거나 떨어질 염려가 있으니 반드시 난간을 꼭 잡고 발을 한 발 한 발 확실히 내디디는 게 좋아요.

"아빠 목소리가 들려와요.
나를 만져주는 아빠의 손길이
잠자고 있는 나를 깨워요.
아빠가 동화책을 읽어주신대요."

“아빠가 나를 사랑한대요.”

태교 여행을 가요!

우리 아기와 함께 태교 여행을 떠나보세요! 몸과 마음에 무리가 가지 않는다면 어디든 좋습니다. 아기자기한 이야기들로 가득할 태교 여행. 그곳에서 보고 듣고 느낀 모든 추억을 써보세요. 또는 여행지에서 찍은 사진을 이 공간에 남겨보세요.

필사 태교,
함께 써봐요

내 마음에 드는 글을 따라 써보세요.
내 손으로 한 글자씩 정성들여 쓰다 보면 집중도 되고 마음이 차분해지는 것을 느낄 수 있어요.

건강이 육체와 관련이 있듯,
정성과 마음을 다하는 태도는
영혼과 관계가 있다.

-톨스토이-

시간과 정성을 들이지 않고 얻을 수 있는 결실은 없다.

-발타사르 그라시안-

못할 것 같은 일도 시작해놓으면 이루어진다.

-《채근담》 중에서-

인생에는 두 가지 삶이 있다.

하나는 기적 따위는 전혀 일어나지 않는다고

생각하며 살아가는 것,

다른 하나는 모든 일이 기적이라고 생각하며 살아가는 것이다.

-아인슈타인-

임신 중 Q&A

임신 중기에 궁금한 것들

Q : 철분은 어떻게 섭취하는 것이 좋은가요?

A : 철분은 체내 흡수율이 낮아요. 식품으로 보충하기에는 한계가 있지요. 그래서 철분 보충제로 먹는 것이 좋은데, 비타민C 함유량이 높은 식품(귤, 오렌지주스, 딸기 등)과 함께 먹으면 철분 흡수율이 높아진답니다. 될 수 있으면 취침하기 전이나 식사 사이에 복용하는 것이 좋아요.

Q : 아직 임신 중기인데 배가 벌써 만삭 같아 걱정이에요. 이렇게 급격하게 몸무게가 늘어도 괜찮은 건가요?

A : 임신 중기에는 입덧이 줄어들어 식욕이 늘고 체중이 불어나기 시작해요. 임신으로 인한 체중 증가량은 12~16kg이 적당하답니다. 임신 8~20주에는 일주일에 0.32kg 정도, 20주~마지막 주에는 일주일에 0.45kg 정도가 적당해요. 그런데 만약 한 달에 2.7kg 이상 늘면 임신중독증의 가능

성도 있어서 체중 변화를 잘 체크해주는 것이 좋아요.

Q : 변비가 너무 심해서 힘들어요. 변비약을 먹어도 괜찮을까요?

A : 임신을 하게 되면 호르몬이 변화해요. 그래서 변비가 더욱 잘 생기죠. 중기부터는 철분 보충제를 복용하는데 이로 인해서도 변비증상이 나타나요. 섬유소가 풍부한 과일이나 야채 등 변비에 좋은 음식을 자주 먹는 것이 좋아요. 물도 자주 마셔야 해요. 유산균과 식이섬유 등 보조제품을 통해 변비를 완화시킬 수 있어요. 약물(부드러운 연하제)을 사용해야 하는 경우 산부인과 주치의 선생님과 상담 후 결정하는 것이 좋아요. 그리고 철분제로 인해 변비나 위장장애가 있는 경우 액상 철분제를 처방받는 것이 좋아요. (철분 수치가 잘 안 오르면 철분 주사를 맞는 것도 가능한 방법이에요.)

Q : 임신 중에는 치과 치료를 어떻게 해야 하나요?

A : 임신 중임을 먼저 알리고 치료를 받으세요. 임신 중 스케일링, 충치 치료 등을 위해 하는 간단한 국소 마취는 가능하답니다. 치아가 약해진 상태라 임신 중 치아미백 시술은 받지 않는 것이 좋아요.

우리 아기 모습

초음파 사진 붙이기

photo

이곳에 초음파 사진을 붙이세요.

월 일

초음파 사진 붙이기

photo

이곳에 초음파 사진을 붙이세요.

월 일

우리 아기 모습

초음파 사진 붙이기

photo

이곳에 초음파 사진을 붙이세요.

월 일

누운 자세의 비틀기

준비물: 머리와 어깨에 놓을 쿠션

수련 방법

1. 머리와 어깨에 쿠션을 대고 바닥에 눕는다. 이때 머리는 어깨보다 높은 위치에 둡니다.
2. 양팔은 옆으로 편하게 놓고 다리는 약간 넓혀서 쭉 편다. 오른다리를 구부려 왼무릎 위에 놓는다.
3. 내쉬는 호흡에 오른무릎을 왼쪽 너머로 가볍게 내린다. 척추가 늘어난

다는 의미입니다. 이때 머리는 반대 방향으로 향하게 하면 척추가 비틀어지면서 척추가 늘어난다.

4. 이 최종 자세에서 호흡의 흐름을 느끼며 10초 정도 유지한다.
   반대 방향으로도 수련한다.

수련 효과

- 자궁이 커지면서 생기는 허리통증을 경감시킬 수 있어 좋아요.
- 꾸준히 수련하면 임신 중에 생기는 무기력증을 완화시켜줍니다.

임신 중기의 요가 수련2

위로 향한 산 자세

준비물: 없음

수련 방법

1. 발목을 일직선으로 하고 몸무게 전체가 발의 중심에 있게 한다. 척추와 목, 머리를 세우고 가슴은 확장, 시선은 정면을 응시하고 선다.
2. 숨을 들이쉬고 내쉬며 두 손은 깍지를 끼고 손목을 밖으로 돌리면서 양팔을 어깨 높이에서 천천히 늘여준다.
3. 숨을 들이쉬고 내쉬며 천천히 양팔을 머리 위로 들어주면서 손바닥을 천장을 향하게 한다.
4. 늑골을 앞으로 내밀고 가슴을 들어 올리고 견갑골을 안쪽으로 밀어 넣는다.
5. 이 자세에서 호흡은 자연스럽게 하며 10초 정도를 유지한다.

수련 효과

- 어깨근육을 풀어주고 척추를 곧게 펴주는 데 좋아요. 침착함과 균형감을 키워주고 몸과 마음에 새로운 활력을 불어넣는답니다.

임신 중기의 요가 수련3

옆으로 구부리기

준비물: 없음

수련 방법

1. 바로 선 자세에서 들이쉬고 내쉬는 호흡에 오른팔을 천천히 어깨높이까지 펴면서 든다. 손바닥이 왼쪽으로 향하게 한다.
2. 들이쉬고 내쉬는 호흡에 왼쪽으로 천천히 몸통을 구부리면서 오른팔을 왼쪽으로 내리며 할 수 있는 만큼 멀리 펴준다.
3. 시선은 정면을 응시하고 자연스러운 호흡으로 10초 정도를 유지한다.

수련 효과

- 다리를 곧고 바르게 하고 허리와 목 통증을 완화시켜줍니다. 허리와 목을 강화해주는 데 좋아요. 횡경막이 잘 움직일 수 있는 공간을 만들어줍니다.

임신 중기의 요가 수련4

앞으로 늘이는 쉬운 자세

준비물: 의자나 책상

수련 방법

1. 발을 엉덩이 너비만큼 벌려 양팔을 위로 하고 선 자세를 한다.
2. 들이쉬고 내쉬는 호흡에 척추를 편 채로 허리를 앞으로 천천히 구부려 양팔을 의자 위에 놓고 의자를 지지해서 앞으로 뻗어준다.
3. 이 자세에서 자연호흡을 하며 30~60초 정도를 유지한다.

수련 효과

- 임신 중의 우울함을 완화하는 데 도움이 되며 마음이 고요해져요. 위통 완화에도 좋고 태아 성장에 필요한 공간을 만들어주어요. 자궁경관의 뒤와 질을 늘이고 또한 바로 잡을 수 있어요. 혈압이 정상으로 유지되도록 돕는답니다.

"아가야,
네가 내 아기로 와줘서
정말 고마워."

임신 후기
8~10개월

앞으로 두 달,
너를 만나기까지의 시간

“엄마가 몸무게를 재어보았는데

깜짝 놀랐지 뭐야.

몸무게가 갑자기 늘었거든.

우리 아기가

쑥쑥 자라고 있는 거 같아서

엄마는 너무 기뻐.

고마워, 아가야.”

"엄마,

이 세상에 태어난다는 건

가슴 두근거리고 신날 것 같아요.

내가 태어나면 나는 한동안은 아무것도 못 할 거예요.

엄마랑 아빠의 따뜻한 손길 없이는,

나 혼자서는 그 어떤 것도 말이에요.

엄마 아빠, 나를 사랑과 정성으로 하루하루 잘 돌보아주세요.

그리고 이런 나를 위해서

엄마 아빠의 몸도 마음도

소중하게 보살펴야 해요.

약속해줄 수 있죠?"

임신 8개월 때

임신 8개월이 되면 조금씩 출산에 대한 두려움이 생기기도 해요. 남편과 현재 감정에 대해 솔직한 대화를 나누면서 두려움을 극복하고 마음의 안정을 취하세요. 그리고 서서히 출산 준비를 시작해야 하는 때이기도 해요. 몸이 무거워지기 전에 출산용품 준비를 해두는 것이 좋겠지요. 산후조리도 꼼꼼히 계획을 세워보도록 해요.

태아의 성장

태아의 키는 약 40cm, 몸무게는 1.5kg 정도로 자라요.

이제부터는 키보다 몸무게가 더 급격히 늘어나요. 태아의 뇌도 빠르게 자라고 있으며, 피하 지방이 많아지고 손톱, 발톱도 자라기 시작하죠. 폐와 소화기관이 거의 완성되는 등 신체 기관이 대부분 형성돼요. 그리고 눈을 깜박일 수 있고 머리도 양쪽으로 움직일 수 있답니다.

엄마의 변화

자궁의 크기는 29~32cm 정도.

아기가 점점 더 아래로 내려오는 것을 느낄 수 있어요. 나중에는 아기가 마치 빠질 것 같은 느낌도 들 만큼 말이죠. 그래서 먹거나 숨쉬기는 보다 수월해지지만 걷는 것은 훨씬 불편해질 수 있어요. 몸의 중심 잡기도 어려워지니 넘어지거나 부딪히지 않도록 주의해야 해요. 초유가 형성되는 시기이기도 해서 유두에서 초유가 흘러나온다거나 짜면 나오기도 한답니다. 임신선, 요통, 치질 등이 심해질 수도 있어요.

체크포인트

✧

- **조산이 되지 않도록 각별히 신경 쓰세요.**
  1시간에 한 번 이상 지속적으로 배 뭉침이 있거나 통증이 악화되거나 옆으로 돌아눕는 등의 자세 변화에서 뭉침이 사라지지 않는다면 즉시 병원을 방문해야 해요. 무리한 야외 활동을 삼가는 것이 좋아요.

- **임신중독증을 주의해야 해요.**
  병원 진료를 2~3주에 1회로 늘리고 임신중독증을 일으키기 쉬운 식염의 섭취를 적게 하면 좋아요.

- **남편은 아내의 건강 상태를 수시로 체크하고 불편함이 없도록 배려하는 것이 좋아요.**

- **제왕절개를 해야 하는 임산부는 수술 날짜를 담당 진료의와 상담해요.**

임신 다이어리

29주차 (년 월 일 ~ 년 월 일)

•

•

•

•

•

•

•

•

•

•

•

•

8개월

이번주 한 줄 Tip

임신부는 자칫 체중 관리에 소홀할 수도 있어요. 체중 조절에 각별히 신경 쓰는 것이 좋아요. 임신 비만은 임신중독증, 임신성 고혈압, 임신성 당뇨 등의 원인이기도 하니까요. 미끄러지기 쉬운 욕실, 베란다 바닥에 미끄럼 방지 스티커를 붙여두세요. 배가 불러오는 만큼 안전사고에 주의하는 것이 좋아요.

임신 다이어리

30주차 (년 월 일 ~ 년 월 일)

•
•
•
•
•
•
•
•
•
•
•
•

이번주 한 줄 Tip

TV 시청은 줄이고 아기에게 집중하는 시간을 늘려보세요. 태담 시간을 늘려 지속적으로 하면 좋아요.
엄마가 보는 모든 것이 태아의 뇌에 영향을 줄 수 있어요. 태아의 머릿속에 아름다운 영상이 남을 수 있도록 미술관이나 박물관을 자주 가보면 어떨까요?

임신 다이어리

31주차 (년 월 일 ~ 년 월 일)

-
-
-
-
-
-
-
-
-
-
-
-
-

이번주 한줄 Tip

남편의 도움이 점점 많이 필요한 때예요. 쓰레기 버리기나 화장실 청소, 바닥 청소같이 몸에 무리가 가거나 무거운 것을 들어야 할 때는 남편이 대신하거나 다음으로 미루세요. 임산부가 무거운 것을 들면 배가 뭉치거나 아프기 쉽습니다.

임신 다이어리

32주차 (　　년　　월　　일 ~ 　　년　　월　　일)

-
-
-
-
-
-
-
-
-
-
-
-
-
-

이번주 한 줄 Tip

태아는 이제 소리의 차이를 구분할 수 있어요. 소리의 강약이나 리듬에 변화를 주어 들려주면 좋답니다.

알아두면 좋아요

자연분만과 제왕절개 분만

분만은 크게 자연분만과 제왕절개로 나눌 수 있어요. 수술하지 않고 질을 통해 아기가 태어나는 것을 자연분만, 배와 자궁을 절개하여 아기를 꺼내는 수술을 제왕절개 분만이라고 해요.

· 임신이 순조롭게 진행되었다면 대부분의 경우 자연분만을 할 수 있어요.

자연분만의 좋은 점은?

- 출혈의 양이 적어요.
- 마취로 인한 문제가 상대적으로 적어요.
- 산욕기 감염 위험이 비교적 낮아요.
- 회복이 빠른 편이에요.
- 합병증이 훨씬 적은 편이에요.
- 병원 입원 일수가 짧아 경제적으로도 부담이 덜해요.

- 보다 일찍 아기와 같이 있는 시간을 가질 수 있어요.

자연분만, 의지가 있고 노력하면 가능해요

자연 분만을 하기로 결정했다면 적극적으로 계획하고 준비해요. 사전 출산 공부도 꼭 필요해요. 출산 과정을 꼼꼼하게 알아둔다면 불안감이 줄 거예요. 또한 분만의 고통을 줄일 여러 방법들도 알아두면 좋아요. 라마즈 분만, 그네 분만, 무통 분만 등의 다양한 방법 중 산모에게 잘 맞는 걸 골라 준비해요.

제왕절개 분만은 태아나 산모가 위험한 경우 최선의 선택이 될 수 있어요

- 태아의 머리보다 골반 크기가 작을 때
- 35세 이상의 고령 초산으로 출산 진행이 어려울 때
- 자궁근종이 있을 때
- 전치 태반일 때
- 기존에 제왕절개 수술 경험이 있다면
- 유도분만에 실패했을 때
- 태아가 거꾸로 선 경우

자연분만을 진행하다가 자궁 파열의 위험이 생긴다거나 분만이 지연될 경우 등의 문제가 생겨 제왕절개로 분만 방법을 바꾸기도 한답니다. 그러니 제왕절개 분만 과정도 미리 알아두는 게 좋겠죠.

KNITTING
WINE & BREAD

필사 태교,
함께 써봐요

내 마음에 드는 글을 따라 써보세요.
내 손으로 한 글자씩 정성들여 쓰다 보면 집중도 되고 마음이 차분해지는 것을 느낄 수 있어요.

행복한 결혼 생활에서 중요한 것은
'서로 얼마나 잘 맞는가'보다
'다른 점을 어떻게 극복해 나가는가'이다.

-톨스토이-

세상은 고통으로 가득하지만
한편 그것을 이겨내는 일로도 가득 차 있다.

-헬렌 켈러-

매일 아침 눈을 뜰 때 나는 자신에게 이렇게 말한다.

나는 어떤 상황이 아니라 내 자신 스스로 오늘 행복할지,

불행할지를 선택할 능력이 있다.

오늘 어떨지를 내가 선택할 수 있다는 것이다.

-그루초 막스-

앞으로 한 달,
너를 만나기까지의 시간

"엄마 배가 남산만 해졌어!

걷는 것도 뒤뚱뒤뚱.

누웠다 일어나는 것도 힘들구나.

정기 검진 때 의사 선생님이 이런 말씀을 해주셨어.

우리 아기가 세상 밖으로 나올 준비를 하는 중이라고 말이야."

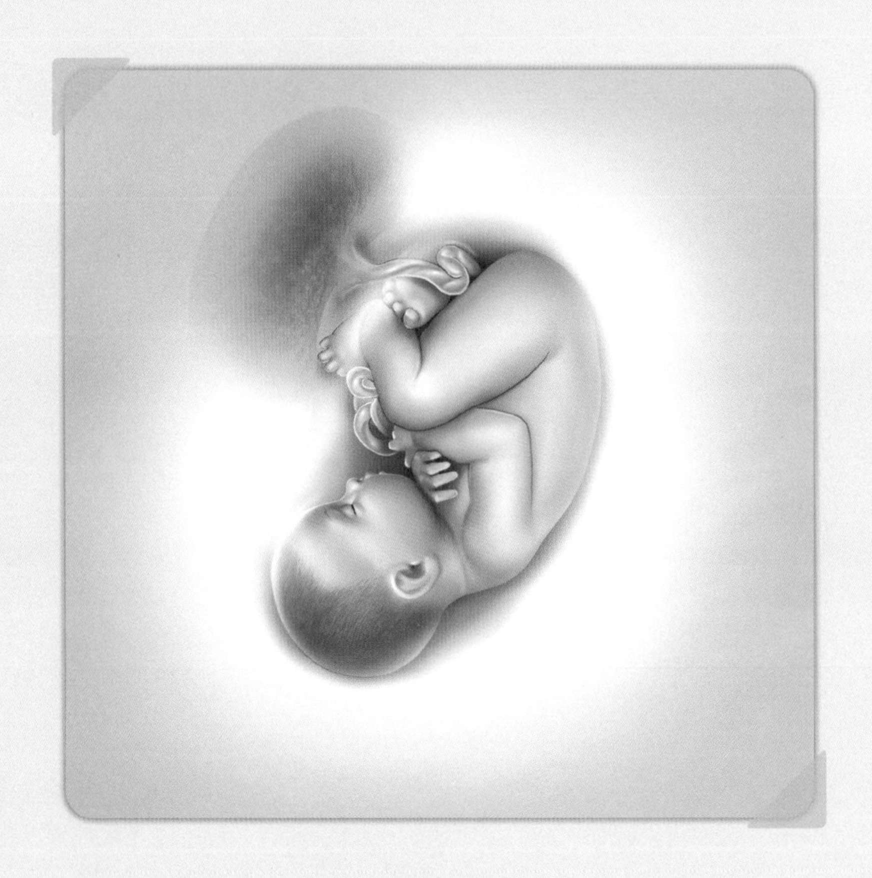

"엄마!

사랑과 정성으로 가득했던

엄마 뱃속에서의 시간.

그 시간은 내 인생에서 가장 소중한 선물이 될 거예요.

엄마의 아기로 받아들여주신 거 너무 감사해요.

너무 행복했어요.

엄마 뱃속에서 많은 얘기를 나눌 수 있어서 말이에요."

임신 9개월 때

출산이 점점 가까워지고 있어요. 이제 정기 검진을 두 주에 한 번씩 받아야 해요. 몸이 힘들어지는 시기라서 충분한 휴식이 필요해요. 그러나 너무 움직이지 않으면 비만의 우려가 있으니 무리하지 않는 선에서 산책이나 체조 등 적절한 운동을 하는 게 좋아요. 마음을 편히 갖고 마지막 출산 준비에 임하세요. 지금 아기가 태어난다고 해도 너무 염려하지 않아도 괜찮아요. 아기는 그렇게 걱정할 필요가 없을 정도로 많이 자랐으니까요.

태아의 성장

태아의 키는 약 45~50cm, 몸무게는 2.3~2.7kg 정도로 자라요.
위치는 계속 바꾸지만 머리를 자궁 아래쪽으로 향하고 있어요. 태아는 포동포동하게 살이 오르고, 주름살도 적어져요. 폐가 거의 성숙되고 몸이 부쩍 자란 만큼 움직일 공간이 적어져서 발차기보다 몸을 흔드는 등의 태동이 많아지답니다. 지금 태어나도 될 만큼 많이 자랐기 때문에 조산을 해도 생존 확률이 매우 높아요.

엄마의 변화

자궁의 크기는 평상시 부피의 1,000배 정도인 32~35cm.

자궁의 높이가 명치 끝까지 올라가서 위, 심장, 폐가 압박되어 가슴이 답답하고 숨이 차며 속쓰림도 나타날 수 있어요. 손과 발, 관절, 얼굴 등이 많이 붓는 부종이 심해져요. 태아의 무게가 엄마의 골반과 다리 위의 신경을 누를 수 있어서 골반 부위가 무감각해지거나 아픈 증상이 나타나기도 해요. 배에 귀를 가만히 갖다 대고 있으면 태아의 심장박동 소리도 들을 수 있답니다.

체크포인트

✧

- 가벼운 걷기나 순산체조를 해요.
- 무릎이나 허리까지 담그는 반신욕이나 족욕을 하면 좋아요.
- 출산 용품을 준비해요.
- 출산을 위한 호흡법을 익혀두는 것이 좋아요.

임신 다이어리

33주차 (년 월 일 ~ 년 월 일)

•
•
•
•
•
•
•
•
•
•
•
•
•

이번주 한 줄 Tip

계단을 오르내릴 때, 누웠다 일어날 때는 조심조심해야 해요. 신생아용 책 한두 권 정도를 미리 준비해도 좋아요. 아기가 생후 3~4개월까지는 색 구별을 하지 못하니 흑백 그림책이 좋아요.

임신 다이어리

34주차 (　　년　　월　　일 ~ 　　년　　월　　일)

•
•
•
•
•
•
•
•
•
•
•
•
•

이번주 한줄 Tip

태아의 감수성 발달을 위해 가까운 공원이나 수목원을 찾아 자연의 소리를 들려주면 좋아요. 엄마의 긴장 완화 효과도 있으니 말이죠.
잔잔한 음악을 틀어놓고 휴식을 취해도 좋아요.

임신 다이어리

35주차 (　　년　　월　　일 ~ 　　년　　월　　일)

이번주 한 줄 Tip

다리 마사지는 정맥류와 경련 예방에 도움이 돼요. 여기에 도움이 되는 동작 두 가지가 있어요.

- 발목을 앞으로 젖혔다 뒤로 젖혔다 하는 동작을 반복하기
- 종아리를 엄지손가락으로 누르듯이 마사지해주기

임신 다이어리

36주차 (년 월 일 ~ 년 월 일)

•

•

•

•

•

•

•

•

•

•

•

•

•

이번 주 한 줄 Tip

출산일이 다가올수록 긴장되고 예민해질 수 있어요. 현재 느껴지는 감정에 대해 남편과의 대화를 통해 마음의 안정을 갖도록 해보세요. 그 어느 때보다 남편의 따뜻한 배려와 사랑이 필요할 때랍니다.

알아두면 좋아요

출산 준비물 리스트

품목	개수	메모
배냇저고리	3~5	출산병원, 산후조리원에서 한 벌씩 제공해요
속싸개	2~3	튼튼한 면으로 보온성이 있고, 흡수력이 좋은 제품이 좋아요
겉싸개	1	가볍고 돌출 장식이 없는 제품이 좋아요
내의	2~3	위아래가 분리된 부드러운 소재의 제품이 좋아요
우주복	1~2	지퍼나 단추가 다리까지 연결된 제품이 좋아요
손싸개	1	손목 부분이 조이지 않는, 보온성이 있는 제품이 좋아요
양말	1	발목이 느슨하며 미끄럼 방지 제품이 좋아요
천 기저귀	5	무독성 면 소재 제품이 좋아요
기저귀 발진 크림	1	
체온계	1	귀속형이 편리해서 좋아요
이불, 요	1	너무 푹신하거나 두껍지 않은 것이 좋아요
방수요	1~2	
수유패드	1pack	
수유브라	2	
수유쿠션	1	
젖병	2~3	출산 후 상황에 따라 더 구입하는 것이 좋아요
젖병 세정제	1	

젖병 소독기	1	이유식 용기도 소독할 수 있는 사이즈가 큰 제품이 유용해서 좋아요
유축기	1	자동 유축기가 편리해서 좋아요
온습도계	1	온도와 습도를 체크해주세요(신생아에 적당한 실내온도 : 22~24℃, 습도:60~65%)
아기 욕조	1	물 빠짐이 좋으며 세척이 간편한 제품이 좋아요 등받이 탈착 가능한 제품이 편리하고 좋아요
아기 로션, 오일	1	무색소, 무알코올, 저자극성 제품이 좋아요
아기 샴푸, 워시	1	피부 자극이 없는 제품이 좋아요
아기용 섬유세제	1	저자극성, 친환경 제품이 좋아요
아기 면봉	1	머리 부분이 작은 것이 좋아요. 면봉대가 부러져도 다칠 위험이 없는 재질(종이나 플라스틱)로 된 제품이 좋아요
콧물 흡입기	1	끝의 실리콘 부분이 부드러운 제품이 좋아요
짱구 베게	1	땀 흡수력이 좋고 통풍이 잘되는 제품이 좋아요
좁쌀 베게	1	너무 딱딱하거나 꺼지지 않는 부드러운 소재의 제품이 좋아요
손수건	20	순면의 부드럽고, 삶을 수 있는 제품이 좋아요.
물티슈	3~4	사이즈가 넉넉하고 도톰한 제품이 사용감이 좋아요
손톱가위	1	
무드등	1	밤에 수유할 때 유용하게 쓸 수 있어요
딸랑이	2	
모빌	1	생후 3개월 전까지는 흑백 모빌을 보여주세요. 이후에는 컬러 모빌을 보여 주세요.
아기띠	1	
유모차	1	
비타민 D	1	액상 타입이 좋아요

필사 태교, 함께 써봐요

내 마음에 드는 글을 따라 써보세요.
내 손으로 한 글자씩 정성들여 쓰다 보면 집중도 되고 마음이 차분해지는 것을 느낄 수 있어요.

먼저 사과하는 것은 내 잘못을 인정하는 것이 아니다.
잘못을 따지기보다는 우리의 관계가
더욱 소중하다는 뜻을 품고 있다. -작자 미상-

희망은 볼 수 없는 것을 보고, 만져질 수 없는 것을 느끼고
불가능한 것을 이룬다. -헬렌 켈러-

의지가 굳은 사람은 행복할지니

너희는 고통을 겪겠지만, 그 고통은 오래 가지 않는다. -테니슨-

긍정적인 태도는 강력한 힘을 지닌다.

아무것도 그것을 막을 수 없다. -에이브러햄 링컨-

앞으로 며칠,
너를 만나기까지의 시간

"이제 정말 너와 만날 시간이 다가오는구나.

마지막 태동 검사도 이상 없어서 안심이야.

이제 엄마가 할 수 있는 건

너를 기다리는 것뿐이구나.

너를 볼 생각에

너무 기대되고 설렌다.

엄마를 너무 오래 기다리게 하지 않을 거지?

우리 아기도 힘을 내줘.

그리고 건강하게 만나자.

사랑해."

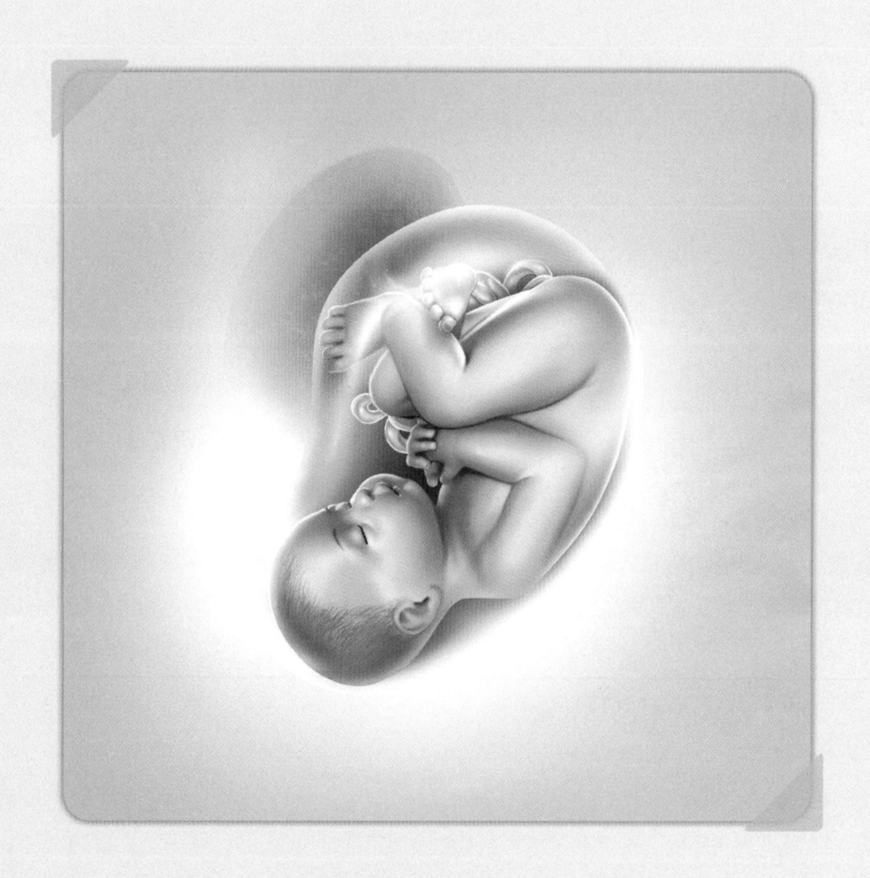

"엄마,

나는 말이에요.

언제 밖에 나가면 될지 알고 있어요.

엄마,

걱정하고 무서워하지 말아요.

모두 다 잘될 거예요.

엄마, 꼭 기억해줄 거죠?

내가 엄마 뱃속에 있을 때 나눈 얘기들 말이에요.

우리 조금 이따가 밖에서 만나요, 엄마.

고마워요.

그리고 사랑해요, 엄마!"

임신 10개월 때

이제 280일간의 임신 여정의 끝 무렵이에요. 드디어 곧 세상에서 가장 사랑스런 아기와 만날 시간이 다가와요. 임신 10개월에 들어서면 매주 정기 검진을 받아야 한답니다. 이슬, 파수, 진통 등 출산의 징후가 나타나지는 않는지 세심히 살펴주세요. 산모는 언제라도 태아가 나올 수 있다는 생각으로 행복하게 아기와의 만남을 준비하도록 해요.

태아의 성장

태아의 키는 약 48~52cm, 몸무게는 2.7~3.4kg 정도로 자라요.
이제 태아는 언제 태어나도 문제없는 상태예요. 태아의 몸을 감싸고 있던 태아 솜털과 태아 표피의 대부분을 벗어버리게 되죠. 장기는 다 발달하고 내장 기능도 원활해져요. 폐는 마지막으로 완전 성숙에 이르게 돼요. 38주 이후에는 태아가 골반 아래로 내려와요. 아기도 세상에 나올 준비를 하는 거죠. 출생 후에 체온 조절을 위해 지방층을 축적하고, 머리카락과 손톱도 많이 자라요. 피부도 부드러워진답니다.

엄마의 변화

자궁의 크기는 29~35cm 정도.

임산부도 태아가 골반으로 내려와 호흡의 안정을 찾고 소화도 편해져요. 그런데 아랫배의 압력이 증대되어 방광을 눌러 항상 소변이 마려운 느낌이 들 수 있어요. 그리고 출산을 쉽게 돕도록 자궁 입구와 질이 부드러워지고 분비물이 많아져요.

체크포인트

✧

- 감기 등 건강 관리에 신경 써야 해요.

- 빈혈 예방을 위해 철분제는 분만 후 1~2개월까지 계속 복용하는 것이 좋아요.

- 출산 징후가 나타나면 바로 병원으로 가야 해요.

- 분만이 임박했음을 알려주는 징후들
  - 초산모는 10분 간격으로 규칙적인 진통이 있는 경우
  - 경산모는 15~20분 규칙적인 간격의 진통이 있는 경우
  - 진통이 없는데 물(양수)같은 것이 흐르는 경우
  - 이상 출혈이 있을 경우

임신 다이어리

37주차 (년 월 일 ~ 년 월 일)

-
-
-
-
-
-
-
-
-
-
-
-
-

이번주 한줄 Tip

출산을 위해 입원하게 될 때 필요한 물건들을 미리 준비하여 가방에 담아두면 좋아요. 출생신고는 병원에서 주는 출생증명서와 부모의 신분증을 함께 지참하여 주민자치센터에서 출생신고서를 작성해 접수하면 된답니다.

임신 다이어리

38주차 (년 월 일 ~ 년 월 일)

•
•
•
•
•
•
•
•
•
•
•
•
•

이번주 한줄 Tip

가벼운 체조는 기분 전환에 도움이 돼요. 그리고 태어난 아기를 대하듯 배에 손을 얹고 애정어린 말을 걸며 쓰다듬어 주세요. 남편은 아내를 위해 어깨와 팔, 다리를 마사지해주세요. 아내는 한결 더 여유 있는 마음을 가질 수 있어요.

임신 다이어리

39주차 (년 월 일 ~ 년 월 일)

-
-
-
-
-
-
-
-
-
-
-
-
-

이번주 한줄 Tip

출산 전 마지막 점검을 해보세요. 아기가 태어나면 다니게 될 소아과도 미리 정하세요. 태어나고 4주가 되면 첫 접종을 해야 한답니다. 출생신고는 출생 후 한 달 이내에 꼭 해야 해요. 그렇지 않으면 과태료를 내고 사유서까지 작성해야 해요.

임신 다이어리

40주차 (　　년　월　일 ~ 　　년　월　일)

•
•
•
•
•
•
•
•
•
•
•
•
•

이번주 한줄 Tip

두려움과 걱정보다는 행복한 마음으로 아기와의 만남을 기대하며 준비하세요. 그동안 써왔던 태교 다이어리를 찬찬히 읽어보세요. 임신기간 동안 소중한 아기에 대해 품은 사랑의 마음이 떠오르면서 출산의 고통에 대한 두려움을 덜어낼 수 있을 거예요.

알아두면 좋아요

드디어
아기를 만나요!

드디어 아기를 만나게 돼요.
걱정과 두려움의 감정보다는 기쁜 마음으로 아기를 맞이할 준비를 하며 지나온 시간을 한번 돌아볼까요.
그동안 썼던 태교 다이어리를 꺼내서 읽어보세요. 임신기간 동안의 소중한 모든 기억을 되새겨보는 것만으로도 출산의 고통에 대한 두려움을 줄일 수 있답니다. 그리고 출산의 그날까지 영양과 수면을 충분히 취하는 게 좋아요.

임신 38주가 지나면 정상분만이니 조산의 위험 없이 아기를 만날 수 있게 돼요. 또 분만 예정일을 넘겼다고 너무 초조해하거나 걱정하지 마세요. 일반적으로 5%의 아기들만이 출산 예정일에 태어난다고 해요. 엄마와 아기가 모두 건강하다면 느긋하게 기다려도 괜찮아요. 예정일에서 2주 정도까지 유연성 있게 기다려볼 수 있답니다.

"엄마, 아빠, 너무 보고 싶어요."

" 나도 엄마랑 아빠를 사랑해요! "

우리 아기의
이름을 지어볼까요

혹시 우리 아기에게 이름을 지어주었나요? 아기의 성별을 알고 나면 어울리는 이름이 뭘까, 어떻게 지어주면 좋을까 참 많이 고민하게 된답니다. 아기 이름 짓는 일은 하루하루의 즐거운 소일거리가 되어줄 거예요.

우리 아기 이름 후보 -

우리 아기 이름은 바로! -

엄마, 아빠가 결정한 우리 아기 이름의 의미는 -

필사 태교,
함께 써봐요

내 마음에 드는 글을 따라 써보세요.
내 손으로 한 글자씩 정성들여 쓰다 보면 집중도 되고 마음이 차분해지는 것을 느낄 수 있어요.

아무것도 손쓸 방법이 없을 때 꼭 한 가지 방법이 있다.
그것은 용기를 갖는 것이다. -유태 격언-

용기란 두렵더라도 계속하는 것이다. -댄 래더-

할 수 있다는 믿음을 가지면

그런 능력이 없을지라도

결국에는 할 수 있는 능력을 갖게 된다. -마하트마 간디-

삶은 살 가치가 있다고 믿어라.

그러면 그 믿음이 그것을 현실로 만들어 줄 것이다.

-윌리엄 제임스-

임신 중 Q&A

임신 후기에 궁금한 것들

Q : 허리 통증 때문에 너무 힘드네요. 임신 중 파스를 붙여도 괜찮은가요?

A : 임신 후기 때에는 배가 점점 나오면서 무게 중심의 변화로 요통이 생깁니다. 파스에는 일반적으로 소염진통제인 케토펜 등이 포함되어 있는데 이 성분은 태아의 동맥관 폐쇄의 원인이 될 수 있어요. 따라서 임신 28주 이후에는 사용하지 않는 것이 좋아요. 충분한 휴식을 취하고 베개를 다리 밑에 두고 자면 통증 완화에 도움이 될 거예요. 또 옆으로 누워 자거나 따뜻한 수건으로 찜질을 하는 것도 좋아요.

Q : 자세도 불편하고 가슴이 답답해서 잠도 잘 못 자고 불면증 때문에 힘들어요. 반신욕이나 족욕이 불면증에 도움이 된다는데 어떻게 해야 좋은가요?

A : 반신욕은 임신 중기 이후에 하는 것이 안전해요. 38~39도를 넘기지 않는 적당한 온도에 시간은 15분 이내로 하는 것이 좋답니다. 족욕은 혈액

순환을 원활히 하는 데 도움이 되고, 숙면에도 좋아요. 족욕을 할 때에는 발목까지 물을 부어 발을 담가주세요. 물의 온도는 40도가 넘지 않도록 하고 시간은 15~20분 이내로 하는 것이 좋답니다.

Q : 회음부 절개 통증으로 인한 고통이 심하다는 얘기를 많이 들어 걱정이 앞서네요. 회음부 절개를 꼭 해야 하는 건가요?

A : 태아가 나오기 직전 회음부는 큰 저항으로 작용을 해요. 그래서 회음부 일부를 절개하게 되지요. 회음부 절개술은 회음부 열상 및 염증이 발생하는 것을 줄이거나 방지할 수 있답니다.

*** 회음부 열상 감소 주사 요법은?**

: 출산 시 생기는 열상, 그리고 절개를 최소화해요.

출산 후 회음부의 부종을 최소화하여 통증 감소 및 회복에 도움을 줘요.

Q : 무통분만은 정말 하나도 안 아픈가요?

A : 무통분만은 척추에 관을 삽입하여 보통 자궁경부가 약 3~4cm 정도 열린 후 마취제를 투여해요. 척추의 신경통로를 차단하는 거죠. 그래서 분만 때의 통증을 60~70% 정도까지 줄여줄 수 있어요. 자연분만과 비교하면

통증이 덜한 편이죠. 마취제 투여 후 대략 10~20분 후에 약의 효과가 나타나기 시작한답니다.

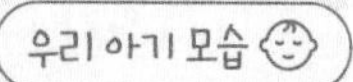

초음파 사진 붙이기

photo

이곳에 초음파 사진을 붙이세요.

월 일

초음파 사진 붙이기

photo

이곳에 초음파 사진을 붙이세요.

월 일

초음파 사진 붙이기

photo

이곳에 초음파 사진을 붙이세요.

월 일

우리 아기 모습

초음파 사진 붙이기

photo

이곳에 초음파 사진을 붙이세요.

월 일

10개월

임신 후기의 요가 수련1

다리 넓히기 자세

준비물: 요가매트 또는 담요

수련 방법

1. 매트나 담요를 깔고 다리를 옆으로 넓힐 수 있는 만큼 넓혀서 앉아 발바닥은 수직으로 세운다(산모가 불편하지 않을 정도로 다리를 넓힌다).
2. 등을 세우고 양손은 다리 위에 편안히 놓는다.
3. 숨을 들이쉬고 내쉬며 머리를 천천히 뒤로 젖히고 잠시 목 뒤의 느낌을 자각한다.

4. 들이쉬고 내쉬며 몸을 앞으로 살짝 구부려 양손으로 엄지발가락을 잡는다.
5. 들이쉬고 내쉬며 발가락을 잡은 상태에서 몸을 최대한 위로 세우고 펴준다.
6. 이 자세에서 호흡이나 다리와 골반에서 생겨나는 통증을 15초 정도 자각한다.

수련 효과

- 분만 시에 필요한 자궁, 요추 근육의 힘을 키우고 서혜부의 유연함을 향상하는 데 도움이 돼요. 꾸준한 수련으로 산모는 분만에 대한 자신감을 가지게 되고 골반이 분만 시에 넓어지고 느슨해지는 감각에 대한 자각이 향상된답니다. 분만의 순간을 위한 최상의 요가 자세라고 할 수 있어요.

임신 후기의 요가 수련2

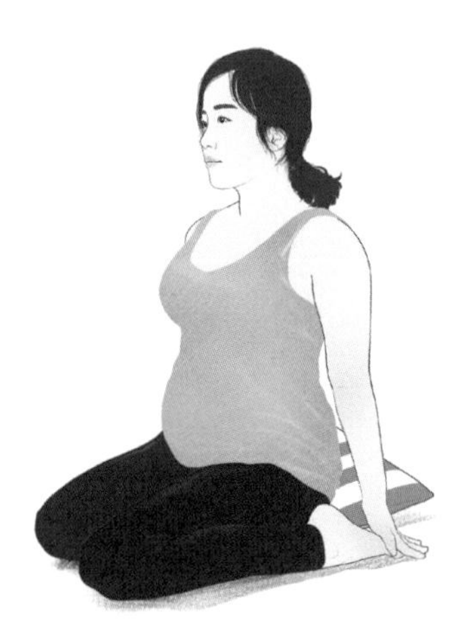

영웅의 자세

준비물: 등과 머리를 받쳐줄 쿠션 또는 베개

수련 방법

1. 쿠션을 엉덩이 밑에 놓고 무릎을 꿇고 앉는다.
2. 무릎은 모은 상태에서 발의 간격을 엉덩이보다 좀 더 넓게 한다. 이 상태에서 손으로 종아리 근육을 밖으로 최대한 당겨내고 허벅지와 엉덩이는 가까이 모아준다.
3. 이제, 등과 목을 세우고 가슴은 열고 시선은 앞을 향하게 한다.

4. 이 자세를 1분 이상 편안하게 호흡하며 유지한다.

수련 효과

- 임신기간 중 산모의 등과 다리는 무거운 몸무게로 인해 눌리고 휘어지게 돼요. 이 자세는 다리의 부종과 요통 완화를 위한 자세입니다. 산모의 피로감을 경감하는 데도 도움이 돼요. 신장의 기능을 향상시키고 고혈압을 완화시켜주죠.

임신 후기의 요가 수련3

누운 영웅의 자세

준비물: 등과 머리를 받쳐줄 쿠션 또는 베개

수련 방법

1. 높은 쿠션을 엉덩이 뒤에 놓아서 등과 머리를 지탱하도록 한다.
2. 영웅의 자세에서 천천히 몸통을 뒤로 누워 등, 허리를 쿠션 위에 내려놓는다.
3. 들이쉬고 내쉬며 머리 뒤와 어깨, 몸통을 쿠션 위에 편히 놓은 후, 양팔을 머리 위로 펴준다. 손바닥은 천장을 향하게 한다.

4. 이 자세에서 호흡은 자연스럽게 하고 몸을 느끼며 20~30초 정도 유지한다.

수련 효과

- 산모의 기운을 회복시키는 데 도움이 돼요. 호흡을 부드럽게 해주고 태아가 조용히 쉴 수 있게 해주지요. 산모의 복부, 등, 허리를 스트레칭해주어요. 그리고 배의 가스 참과 변비를 완화해줍니다.

열 달의 변화 - 1개월

photo

이곳에 사진을 붙이세요.

월 일

열 달의 변화 - 2개월

photo

이곳에 사진을 붙이세요.

월 일

열 달의 변화 - 3개월

photo

이곳에 사진을 붙이세요.

월 일

열 달의 변화 - 4개월

photo

이곳에 사진을 붙이세요.

월 일

열 달의 변화 - 5개월

photo

이곳에 사진을 붙이세요.

월 일

열 달의 변화 - 6개월

photo

이곳에 사진을 붙이세요.

월 일

열 달의 변화 - 7개월

photo

이곳에 사진을 붙이세요.

월 일

열 달의 변화 - 8개월

photo

이곳에 사진을 붙이세요.

월 일

열 달의 변화 - 9개월

photo

이곳에 사진을 붙이세요.

월 일

열 달의 변화 - 10개월

photo

이곳에 사진을 붙이세요.

월 일

우리 아기가 태어났어요!

photo

이곳에 사진을 붙이세요.

월 일

· 태어난 날 :

· 태어난 시간 :

· 키 / 몸무게 :

책 속 부록

〈함께 그려보는 감성 태교〉

컬러링 태교 함께해요

아이를 기다리는 설레는 열 달.

컬러링 태교를 함께해 보세요.

컬러링은 심리적으로 평온한 마음을 가질 수 있게 도와줘요.

여러 가지 색을 통해 이루어지는 아기와의 소중한 교감과 함께 즐거운 시간을 보내세요.

색채 미술 태교

- 컬러링 태교는 심리적으로 평온한 마음을 가지게 도와줌으로써 감정 기복 조절에 좋아요.
- 여러 가지 색을 통해 이루어지는 태아와의 교감은 태아의 사회성과 정서 발달에 좋아요.
- 컬러링에는 옳은 방법이라든가, 정해진 규칙 같은 것은 없어요. 마음 가는 대로 여러 색을 칠하고 놀면서 즐거운 시간을 보내세요.

함께 그려봐요!

아기와 곰돌이

Love

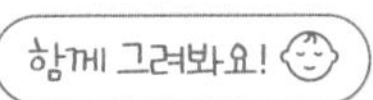

디저트

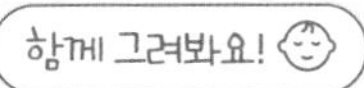

장미꽃

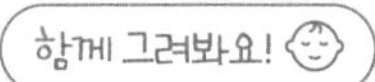

컵케이크

Chocolate

에필로그

아들이 환하게 웃는 얼굴을 보고 있으면 이런 생각이 들곤 합니다.

'천사의 웃는 얼굴을 실제로 볼 수 있다면 아들이 웃는 모습과 똑같지 않을까?'

아기를 낳고 키운다는 것은

인생의 가장 아름다운 선물과도 같은 경이로운 경험입니다.

내 인생의 모든 것을 주어도 전혀 아깝지 않은 하늘의 축복이라는 생각이 들어요.

한 생명이 태어나 삶에서 처음 맺게 되는 관계는 부모와 아기입니다.

깜깜하면서도 따뜻한 엄마 뱃속 품에서부터

아기는 모든 것을 기억하고 있답니다.

엄마와 아빠에게 사랑 받은 기억은

부모가 아이에게 줄 수 있는 최고의 태교이자 선물이 되어 줄 거예요.

뱃속 아이와의 교감과 순간마다 떠오르는 다양한 감정의 기록들을 남겨보세요.

한 줄 한 줄이 모여 나중에는 아련한 추억이 되어 줄 거예요.

그리고 이 행복한 기억들은 아이와 부모에게 있어

세상에서 단 하나뿐인 가장 아름다운 보물이 되어 줄 것이라 믿어요.

내 아이와의 인연의 시작,

두 번 다시 돌아오지 않을

그 소중한 순간을 놓치지 않기를 바랍니다.

이 책과 함께 건강하고 사랑스러운 아기의 출산으로 이어지기를 간절히 기원합니다.

이호현

엄마 아빠가 아이에게 선물하는 태교 기프트북

지금 막 엄마 아빠가 되었어요

초판 1쇄 발행 2020년 6월 20일

글·그림 이호현
감수 이윤정 이선하
펴낸이 김현숙 김현정
디자인 최윤선 정효진
펴낸곳 공명
출판등록 2011년 10월 4일 제25100-2012-000039호
주소 03925 서울시 마포구 월드컵북로 402, KGIT센터 9층 925A호
전화 02-3153-1378 | **팩스** 02-6007-9858
이메일 gongmyoung@hanmail.net
블로그 http://blog.naver.com/gongmyoung1

ISBN 978-89-97870-41-7(13590)

- 책값은 뒤표지에 있습니다.

- 이 도서의 국립중앙도서관 출판시도서목록(CIP)은 서지정보유통지원시스템 홈페이지(http://seoji.nl.go.kr)와 국가자료공동목록시스템(http://www.nl.go.kr/kolisnet)에서 이용하실 수 있습니다. (CIP제어번호:CIP2020022078)